U0162439

我们的生活几乎处处被人工智能、大数据、机器人等技术包围着，这些时刻改变着我们的生活且备受关注的技术，背后有什么奥秘呢？本书挑选了24个案例，涵盖了生活、学习、工作、交通、娱乐多个方面，在前析这些案例背后与人工智能、区块链、大数据相关的知识的同时。用贴近生活的讲述方式，深入波出地进行讲解，让每一位读者都能在开阔眼界、增长知识的同时，感受计算技术的魅力，发现科学之美!

本书适合对计算技术感兴趣并具有一定基础知识储备的读者阅读。

图书在版编目（CIP）数据

计算的世界 / 王元卓，计卫星主编；闻鹏程绘. —北京：机械工业出版社，2022.7

（计算机科普丛书）

ISBN 978-7-111-71191-9

Ⅰ. ①计… Ⅱ. ①王… ②计… ③闻… Ⅲ. ①计算机—青少年读物 Ⅳ. ①TP3-49

中国版本图书馆CIP数据核字（2022）第118966号

机械工业出版社（北京市百万庄大街22号　邮政编码 100037）
策划编辑：梁　伟　责任编辑：游　静
责任校对：李　岛　责任印制：李　昂
北京捷迅佳彩印刷有限公司印刷
2022年9月第1版第1次印刷
185mm × 245mm · 9.5印张 · 228千字
标准书号：ISBN 978-7-111-71191-9
定价：109.80元

电话服务
客服电话：010-88361066
010-88379833
010-68326294

网络服务
机　工　官　网：www. cmpbook. com
机　工　官　博：weibo. com/cmp1952
金　　书　　网：www. golden-book. com
机工教育服务网：www. cmpedu. com

作者简介

王元卓

博士，中国科学院计算技术研究所研究员、博士生导师，中科大数据研究院院长，中国科普作家协会副理事长，中国计算机学会常务理事、科学普及工作委员会主任。发表论文260余篇，授权发明专利70余项，出版专著5部，曾获国家科技进步二等奖。2019年获评中国“十大科学传播人物”，2020年入选“最美科技工作者”全国候选人。全国优秀科普图书《科幻电影中的科学》作者。

计卫星

博士，教育部产学合作协同育人项目专家组成员，信息技术新工科产学研联盟副秘书长，中国计算机学会高级会员、体系结构专业委员会委员、科学普及工作委员会委员。主要研究方向包括程序语言设计与实现、大规模代码分析、并行与高性能计算等。

计湘婷

中国高等教育学会工程教育专业委员会副理事长，中国计算机学会高级会员、科学普及工作委员会副主任。现任百度高校合作部副总监，主管百度集团产学研及技术品牌相关工作。长期致力于人工智能科普规律研究及内容创作，出版多部青少年AI科普图书、高校AI教材和译著。

李静远

博士，北京工商大学教授，中国计算机学会高级会员、科学普及工作委员会副主任、大数据专家委员会正式委员，河南省大数据与人工智能专家委员会委员，上海科技大学企业导师。曾任腾讯产学合作总监，阿里云科研技术合作总监，中国科学院计算技术研究所高级工程师。

翟立东

博士，现任中国科学院信息工程研究所研究员，中国网络空间安全协会理事，中国网络空间新兴技术安全创新论坛秘书长，中国网络空间安全人才教育论坛理事，中国网络空间安全协会竞评演练工作委员会常务副秘书长。曾参与国家科技部“十二五”863计划信息技术领域“网络与信息安全”方向的科技战略规划，作为课题负责人承担国家科技部863计划、国家发改委、中国科学院战略性先导科技专项、中国科学院重点项目等的多项课题。

崔原豪

北京邮电大学信息与通信工程博士，芬兰阿尔托大学联合培养博士，曾任北京佰辰科技有限公司CTO。曾担任国际学术会议MobiCom 2022、ICASSP 2022、ICC 2022、WCNC 2022/2021、IWCMC 2021分论坛主席，现任IEEE通信学会新兴技术委员会秘书长、中国计算机学会科学普及工作委员会主任助理、北京新联会网络知名人士分会理事。

张国强

博士，海南师范大学信息科学技术学院教授，入选海南省高层次人才、江苏省333工程，中国计算机学会科学普及工作委员会委员、互联网专业委员会委员、网络与数据通信专业委员会委员。主持国家自然科学基金3项，在国内外高水平期刊和会议发表论文60余篇，获得美国授权发明专利2项。

张旅阳

中国科学院信息工程研究所博士、讲师，中国网络空间安全协会竞评演练工作委员会委员，中国科学院计算技术研究所大数据研究院特聘研究员，大连外国语大学网络空间多语言大数据智能分析研究中心特聘研究员，贵州师范大学大数据安全重点实验室技术委员会专家。

序

随着智能手机和互联网的普及，计算机科学与技术深刻地改变了人们的工作和生活方式，智能技术与数据要素的兴起，让信息技术正在深入地渗透到工业生产、社会治理、军事等更广泛的领域，人、机、物加速走向融合，信息社会已经来临。

科普的重要性众所周知，物理、天文、生物等自然科学领域的优秀科普作品众多，伴随了几代孩子的成长，相比而言，计算机科普的作品就很少。计算机科学是年轻学科，也是发展最快的学科，新概念、新应用层出不穷，相关知识比其他学科更新迭代得更快。人工智能、万物互联、自动驾驶等30年前还只是出现在科幻电影中的场景，如今已经成为现实。由于计算机科学的实用性较强，人们接触得更多的是计算机的使用和操作层面的知识，很少读到涉及基础原理和科学知识的科普作品。

2022年，恰逢中国计算机学会（简称CCF）成立60周年，“计算的三部曲”作为CCF科普工委组织编写的第一套科普图书，也是计算机领域科技工作者给CCF甲子之年的一个生日礼物。CCF将“大众化”列为学会未来长期坚持的发展战略之一，科普丛书和正在建设的计算机博物馆是奉献给孩子们的最主要的产品。

科普作品需要兼顾趣味性和严谨性，对创作者的能力要求较高。本套图书的创作者汇聚了来自高校、科研机构和互联网企业的计算机领域的学者，还吸引了多位著名的科普专家和科幻作家。本套图书分为《计算的脚步》《计算的世界》和《计算的未来》三册，内容涵盖了计算机技术和装置的发展历史、前沿的计算机科学与技术，也包含了人们想了解的大数据、人工智能、网络安全、量子计算等热门话题。书中的内容尽可能从生活场景展开，每篇短文围绕一个有趣的问题，以通俗易懂的语言讲述科学知识，期望能够由点及面地向读者介绍相关科学原理。三册图书以手绘、科普文章和科幻短文这样生动有趣的形式呈现，力图将深奥的科学原理融入图画、故事中，兼具画面感与科学性，降低了读者的阅读难度。

本套科普图书适合对计算机科学感兴趣的小学高年级、初高中学生、非专业大众阅读。希望“计算的三部曲”系列科普图书能够受到大家的喜爱，帮助大家提高信息科学素养，从而以更积极的面貌迎接正在发生的信息社会变革。

孙凝晖

2022年7月

前言

从20世纪40年代现代计算机诞生至今的70多年，尤其是互联网应用飞速发展的近20年，人类社会经历了深刻的改变。计算无处不在、计算赋能万物，数字文明时代已经来临。今年是中国计算机学会（CCF）成立60周年，CCF作为一个学术共同体，其诞生和发展伴随了中国计算机事业的发展全程。从某种意义上讲，CCF是中国计算机事业诞生和发展的一个缩影。如今CCF已经成长为我国最具活力与影响力的国家一级学会之一，也是最富历史使命感的学术团体之一。

CCF高度重视科学普及工作，将“大众化”作为学会发展的6个“化”发展战略之一，大力推动计算领域的科普工作，提升大众的数字素养和数字生存、工作能力。2020年，CCF成立了科学普及工作委员会，我有幸担任工委主任开始全面推动CCF的科普工作。目前，科学普及工作委员会已经形成了以“CCF群星计划”为核心，包括CCF计算机科普丛书、CCF科普视频大赛、CCF科普教育基地、CCF走进中小学、CNCC科普论坛、信息科学基础教育在内的六大品牌活动。已累计惠及数亿人次，受到了大众的广泛关注。

“计算的三部曲”是CCF计算机科普丛书中的第一套图书，也是献礼CCF 60周年的一套面向大众的计算机科普读物。本套图书共有三册,分别是《计算的脚步》《计算的世界》和《计算的未来》。其中,《计算的脚步》以手绘的方式，呈现计算装置与计算思维发展的历程;《计算的世界》以科普文章的方式，介绍当前人们的衣、食、住、行中无处不在的计算技术;《计算的未来》以科幻短文的方式，畅想计算科学未来的发展愿景。希望通过“计算的三部曲”，以专业的视角和生动的方式，为读者呈现计算机科学与技术的全景视图。

《计算的世界》是本套书的第二册。本书重点结合生活、学习、工作、交通和娱乐这五方面中人们所关心的问题，用科普文章讲解无处不在的计算应用背后的科学原理和作者的科学思考。

生活篇

计算技术将个体与社会深度融合，也让数字空间与物理空间相互交融。现在我们既可以共用一个云平台存储数据，也可以在家里进行各种虚实结合的体验，还可以使用大数据和智能模型预知未来。本篇对生活中常见的应用场景以及其中所涉及的计算技术进行解析，并对人工智能伦理等问题展开深入的分析和探讨。计算无处不在，世界也因计算而改变，期待合理、合规、合法的计算能够为人们塑造更加精彩的世界。

学习篇

每个人都在不断地学习，学习规则、学习知识，然后去建立更多的规则，去拓展人类认知的边界。机器也在不断学习，通过优化和训练变得更加强大。在某些计算规则明确、计算量较大的领域，机器甚至超越了人类个体的计算能力。本篇介绍了人工智能是如何学习的，它在写作、圆周率计算等方面与人相比较的优势和劣势，以及如何在大数据的帮助下，让智能模型对情绪、发展趋势等进行预测。

工作篇

现代人在工作中几乎完全离不开计算机，比如每天都要利用计算机和互联网查询信息、编写文档、处理数据等，甚至完成智慧城市管理、科学计算、气象探测等规模庞大且需要大量算力支持的任务。计算机是如何完成这些工作的？互联网的“心脏”是什么？基于5G的移动互联网会给人们带来哪些不同的体验？未来真的可以实现太空互联网吗？无处不在的计算机应用安全吗？人们的隐私如何得到保障呢？下一代计算机会是量子计算机吗？本篇通过回答这些问题，向读者更全面地展示计算技术。

交通篇

现代交通，无论是在路线规划、信号灯调度方面，还是在交通管理方面，都极大程度上依赖着计算设备。随着智慧城市的不断发展，自动驾驶和车联网已经成为当下最热门的话题。本篇分为过去、现在和未来三个时间段，分别就车牌识别、自动驾驶和车联网进行介绍，并畅想未来如何发展更加“聪明”的路和更有“智慧”的车。

娱乐篇

人机大战一直是人们最关注的话题之一，无论是经典的俄罗斯方块、贪吃蛇等计算游戏，还是20年前的卡斯帕罗夫大战深蓝、近年的柯洁对战AlphaGo，人类和计算机的对抗大戏一直在上演。那么计算机是如何在游戏中、在人机对战中变得越来越强的呢？人类是否会逐步走入自己设定的算局？本篇将对这些问题进行解答，并对人们关注的计算概念“元宇宙”进行剖析。人们对计算能力的追求不会止步，与计算机的博弈也不会停止，人与机的边界也许是我们更需要思考的问题。

本书由我进行整体策划，由计卫星老师、郑洪炜老师、崔原豪老师进行具体的选题策划。此外，计卫星老师还负责了本书的编写组织工作，并与计湘婷老师、崔原豪老师、张国强老师、李静远老师、张旅阳老师、翟立东老师一起完成了本书的24篇科普文章的编写工作。闻鹏程老师为本书绘制了插画。感谢各位创作者的共同付出和努力。

本书在创作过程中得到了CCF计算机科普丛书编委会的指导和帮助，编委会主任孙凝晖院士大力支持并为本书做序，在此表示深深的谢意！

北京西西艾弗信息科技有限公司（CCF Press）的副总经理梁伟和各位编辑为本

书做了细致辛勤的编辑工作，对此表示诚挚的谢意！

由于时间和篇幅有限，书中对身边计算的世界的划分和描述，可能还有不当之处，加之作者水平所限，如有错误和不足，恳请读者予以指正。

王元卓

2022年6月

目录

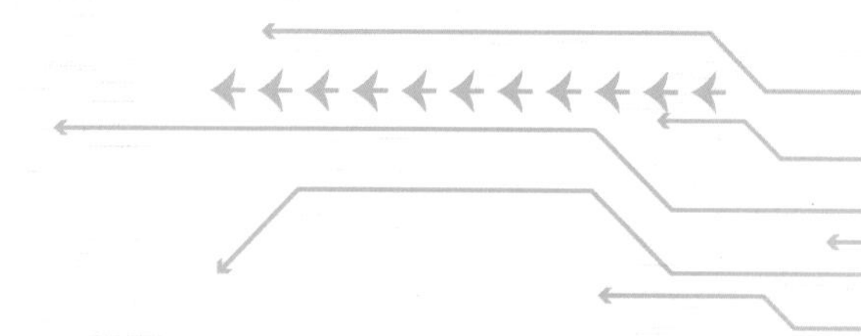

工作篇

交通篇

娱乐篇

云计算、大数据和人工智能技术的发展与进步极大地改变了人们的生活方式，也在一定程度上影响了社会治理模式。信息技术将个体深度融合进社会大家庭，也为数字空间与物理空间的交互融合开拓了更多的可能。现在既可以共用一个云平台存储数据，也可以在家里远程试穿衣服，还可以使用机器学习模型预知未来。本篇对生活中常见的应用场景背后的计算技术进行解析，并对人工智能伦理等问题展开深入的分析和探讨。计算无处不在，世界也因计算而改变，期待合理、合规、合法的计算能够为人们带来更加精彩的世界。

生活篇

大数据是如何助力疫情防控的?

能在家里试穿网上的衣服吗?

人工智能可以预测父母什么时候生气吗?

人工智能与人类的界限在哪里?

计算机能预测我长大后会变成什么样子吗?

谁是最值得信赖的数据保护者?

大数据是如何助力疫情防控的？

李静远

2019年末，一场新冠肺炎疫情席卷全世界，突然改变了历史的发展进程，城市被封锁，工业、商业、学业停滞，大家被要求戴上口罩并尽可能不要出门，世界似乎被按下了暂停键。但世界不能长时间暂停，人们需要工作、需要做生意才能生存；需要学习、需要和同学们面对面交流才能够成长。所以，人们经历了初始的慌乱后，在开始渐渐了解新型冠状病毒的时候，世界便又有限度地重启了。

重启的过程充满艰辛，世界上的很多国家，在过去两年间都不断在“重启→病例激增→封锁→病例减少→重启→病例激增……”的循环中挣扎。怎么办？有没有科学的方法让世界能够大致恢复正常，又能精准地在局部控制疫情呢？有，大数据技术可以在其中发挥重要的作用。那么，什么是大数据？大数据的特点有哪些？大数据分析工具有哪些，又能解决什么问题呢？

大数据的发展史

一般认为，大数据的概念最早被人提及是在20世纪90年代，那个时候，大数据主要是指不能被当时最先进的软件和硬件精确处理的规模巨大的数据。计算机的存储设备有一个渐次发展的过程，从最早的磁带、到后期的5.25英寸软盘和3.5英寸软盘，再到后来磁介质硬盘、各类光盘的出现，单个存储介质能够存下的信息量从以MB为单位，逐渐演化为以TB为单位，并且历经数十年的发展，成本也在被不断压低。前面提到的都只是计算机的“外存”（即ROM），而对于更加昂贵的内存（即RAM，通常指CPU可以直接访问的核心存储区域）来说，发展更是飞快：从20世纪90年代的内存为640KB的台式计算机，到现在一个轻薄笔记本电脑的内存达到16GB。这些硬件的快速发展，是2010年前后大数据兴起的非常重要的基础。

大数据发展的另一个关键基础，是人们不断努力地把分散在世界各个角落的计算、存储、网络资源做了整合，形成了巨大的基础信息技术大资源池。当然这个“努力”不是一蹴而就的，而是经历了数十年的发展期，这里面有几个重要的概念在这里给出简单的解释。

（1）分布式计算（Distributed Computing）利用网络把计算资源连接起来，让具有不同特点的设备做更适合其做的事情。比如B/S（浏览器/服务器）模式，人们可以通过它，以在低价格的终端计算机上对昂贵的大型服务器下命令的方式，让服务器计算一个非常复杂的数学题。

（2）对等计算（P2P Computing） 对等计算是与B/S相对应的模式，参与对等计算的各方都拥有同等的权利和义务，大家共同出资源完成一项更大型的任务。比如早期的大型视频集合，就可以通过某种规则分类并分别保存在大家的硬盘上，每次有人想看具体某一个视频，就可以通过寻址，到具体存储的设备上请求下载。

（3）网格计算（Grid Computing） 网格计算的概念类似于电网的模式，期待把计算资源做一个标准化的处理，一份计算、存储或任何有价值的资源都被标准化为一个单位，然后挂在网格上面出售，并且换取相应的收益。这就好比在电网中，不管是火力发电厂、水力发电厂、风力发电厂还是核能发电厂发的电，最终都会被统一收到电网中，然后以“度”为单位，被售卖给终端用户。

（4）服务计算（Service Computing） 把人们常用的资源按照类型细分，然后单独或者组合出售。比如想下载一张图片，则可以买一份存储空间，买一份图形处理器（GPU）的计算资源，再买一份用以传输图片的网络资源，然后组合起来，就可以满足需求啦！

（5）云计算（Cloud Computing） 云计算很大程度上就是基于服务计算的逻辑发展起来的，所以服务计算中的IaaS、PaaS、SaaS等术语在云计算中也是被提及最多的。不过云计算有一个特别基础的不同点，就是其底层的巨大的计算、存储、网络资源，都是集中于云计算厂商并由厂商管理的。如果以“集市”来打比方的话，前面几个“计算”的概念更像是有人开了个集市，大家拿着自己有的资源去集市里面换钱；而云计算厂商的集市里面的东西都是自产的，比如国内几大头部的云计算厂商，都在全世界数十个区域部署了自己的数据中心，拥有的服务器数达百万台。只有这样，这些设备才能以最高效的方式组织起来。

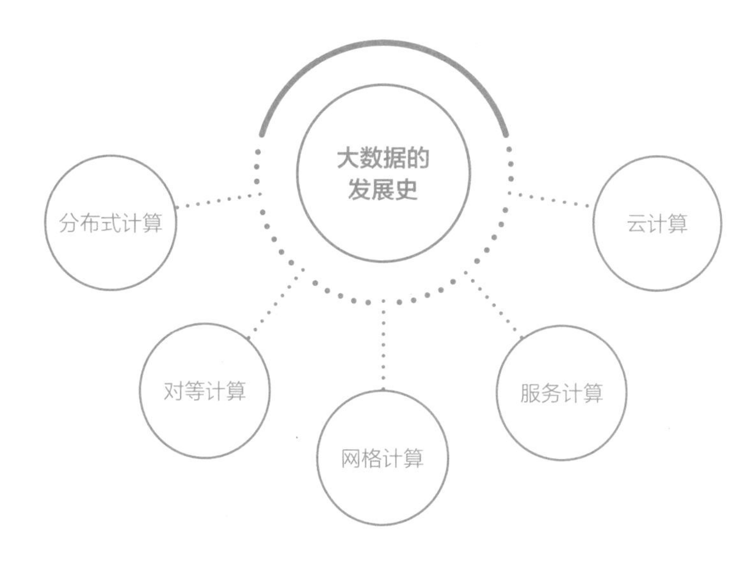

有了前面提及的推动云计算形成的基础，大数据的存储和应用才成为可能。那大数据的需求又是怎么来的呢？随着互联网的不断普及，人们大量的工作和生活数据被写进了互联网的各个角落，如“双十一”购物节，2017年的时候，交易量的峰值就可以达到每秒25万笔。这些巨量的数据如何才能被及时、准确地使用和分析，比如如何从中分析有价值的信息，但又能保证人们的个人隐私不被侵犯，就成为大数据研究的一个重要方向。

当然，还有一些数据是在互联网成熟之前就存在的，只是当时碍于没有好的条件，而没有办法做更好的处理。比如天气数据就是天然的大数据，在与天气有关的海量计算资源被有效整合之后，天气预报的准确度也有了明显的提升。另外还有模拟核聚变、模拟高分子化学的反应过程等应用，这里就不一一举例了。

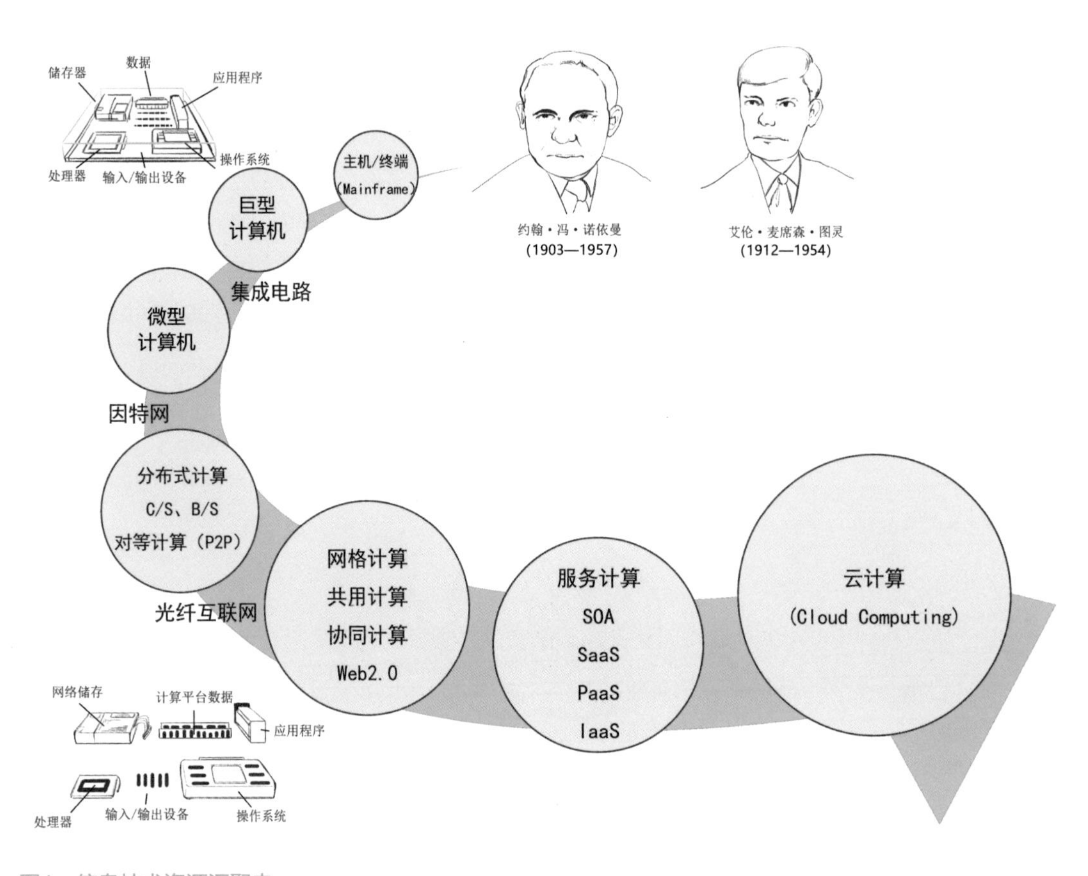

图1　信息技术资源汇聚史

大数据的特点

大数据有3个特点：数量大、速度快、形式多。

图2　大数据的三大特点

数量大

指的是数据的总规模大。光看现在描述数据的单位，就知道这些年的数据规模增长成什么样子了：KB→MB→GB→TB→PB→EB→ZB……每增加一级，数据规模就会增大为前一级的1000倍。现在各个云盘厂商售卖的个人云盘规模都在TB级，比如2022年初的数据，苹果公司的iCloud最高支持2TB，腾讯的云盘产品“腾讯微云”可以支持到6～7TB。由于有大量的用户在使用云存储服务，这些云盘上面保存的大量数据实际上天然就形成了一个巨大规模的数据池。

另外，日志数据的规模也不可小觑，比如目前很多大型互联网公司的日志数据总量都在ZB级，每天新增规模达到PB级，这些数据中潜藏着大量的有用信息，比如过百万台服务器组成的计算集群中，哪台服务器的磁盘可能快要坏了，机房中哪里的温度过高可能需要人工做检查，这些都可以从日志数据中挖掘出来并及时进行处理，从而让云服务更加稳定。

速度快

指的是数据新增的速度快。大家常用的微信、微博等社交平台上，每天新增的消息、语音、图片、视频、新闻数据可以达到几十亿甚至上百亿条，这些数据按照相对有规律的速度在周期性变化，比如通常早高峰和傍晚的时候产生的数据会较多，而夜间产生的数据会较少，如何合理分配相应的资源去处理这些数据就变成了一门很有意思的学问。

另外，交通出行、环境气候、卫星云图等的监测，每天新增的数据规模更是一个天文数字，所以近些年推出了城市大脑、气象大脑等大量高技术密集的新型平台对这些数据进行处理，为人们计算出更合理的红绿灯配置时间，最新、最准确的气象信息等，助力人们的生活变得更便捷、更安全。

形式多

指的是数据的种类多，且不同数据间有千差万别的属性差异。比如视频的数据规模在MB级至GB级，本身在存储的位置选择和所使用的压缩手段等方面就有很多技巧；文字数据虽然更加标准化，但是在处理数据时需要的辅助支持也最多，对单个单词进行搜索就需要构建一系列索引，并把索引的目标指向这个文本中的一个具体位置；另外在大型制造工厂中有各种监测传感器，它们会在极短的周期内不断产生极小的数据，可能只是一个显示目前这个监测点有没有问题的一个标识位，如何储存和利用这些时序（按照时间顺序）产生的小数据也是一个很值得研究的问题。

大数据技术如何助力新冠肺炎疫情防控?

那么如何才能更精准地分析大数据呢？科学家和工程师们经过多年努力，研究出了一系列的分析方法和工具。这些工具的具体工作原理比较复杂，但可以按照功能把它们粗分为采集、抽取、存储、分析、可视化5个部分。以新冠肺炎疫情防控为例，跟大家聊一聊这5个部分是如何相互配合，最终帮大家科学地控制好疫情的吧。

小明在生日当天到学校上学，课间去小卖部买吃的，放学后在妈妈的陪同下到培训班上拳击课，然后和妈妈一起去接刚出差回来的爸爸，一家人再去餐厅吃饭，给小明庆祝生日。

（1）采集　小明和家人出入这些场所时都主动扫二维码做了登记（主动的采集方式），而且3个人的手机也通过定位服务，记录了他们一家人的位置信息（被动的采集方式）。当然，还可能有一些其他的方式记录位置信息，比如小明妈妈在家时收了一个快递，和快递员

小明和家人在餐厅主动扫码

火车上小明的爸爸与一个病例住上下铺

中国铁路总公司售票数据库和疫情扫码数据库以某种方式连接到了一个数据平台上

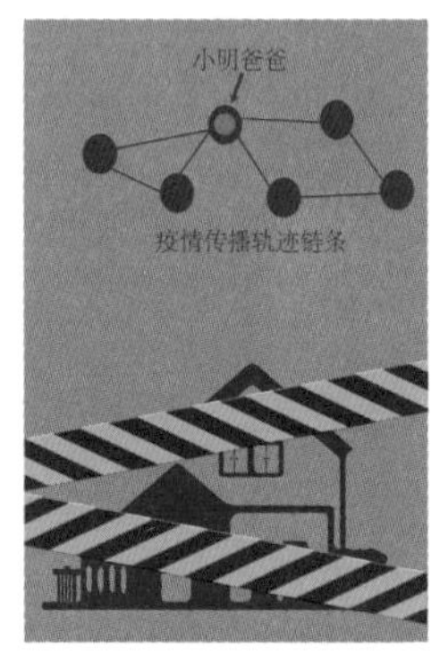

病例确诊后，通过以上链条确认了小明爸爸密接，并且隔离了小明全家

采集 ⟶ 抽取 ⟶ 储存 ⟶ 分析

图3　新冠肺炎疫情防控过程

的接触就可以在快递公司的记录中查到；再比如全家人驾车往返餐厅，途中遇到的交通监控摄像头，也可以记录小明家汽车的行驶轨迹。

（2）抽取　疫情管控部门收到这些不同类型的数据之后，会把可能有用的重要的信息提取出来，比如小明在学校和同学待了多久，同一个时间段内和小明一家在餐厅吃饭的都有什么人，和小明在同一个拳击班的同学和家长还有谁，小明爸爸出差坐的是哪列火车、住的是哪个宾馆，等等。

（3）存储　这些提取过有用信息的数据会被分门别类地保存下来，不要小瞧这个步骤，我国14亿人口每天所产生的涉及疫情的数据可能达到数千亿条，这些数据被有序地存储在各个不同的角落，如何让这些数据高效地保存下来，不会丢失、不会记错且各个数据之间能够有效互通，是一门非常复杂的学问。我们国家的防疫信息化部门也是一步一步走过来的，从之前各个省市手工记录涉疫信息，到手机运营商、医院、交通等重要部门之间互通数据，再到全国一码通行，中间伴随着所有人的努力。

（4）分析　不幸的事情发生了，小明爸爸出差返回时乘坐的火车上发现了一位疑似感染者，疫情信息化系统通过铁路部门的购票信息快速定位到小明爸爸，并通知小明家所在的社区与小明家取得联系，再通过公安信息化系统获取小明家人的信息，随后根据小明一家人的扫码登记信息，确认他们这几天所去过的地方以及接触过的人。通过这样的方式，在极短时间内控制病毒的传播链路，从而有效防止可能的社区聚集性疫情的暴发。反应足够迅速的话，其他没有受到波及的同学或社区的邻居则不会受到影响，可以继续正常学习、工作和生活。

（5）可视化　虽然普通人对大数据的可视化可能没什么感知，但它实实在在是一门学问。一个庞大的超大维度空间的数据信息，怎么通过二维或者多维空间的方式整体呈现，从而帮助疫情防控的领导者快速做出决策，将医疗、社区管理资源部署到最需要的地方，对于疫情的整体防控起到非常关键的作用。

到这里，大家都知道了大数据是怎样帮助防控疫情的了吧。

能在家里试穿网上的衣服吗？

李静远

习惯于网购的朋友们多多少少会对某一大类的购物又爱又恨，那就是服装鞋帽类。和电子类产品不同，服装鞋帽类产品没办法做到特别的标准化，尺码、颜色、做工以及穿到身上的效果，很难让买家在目前的主流网购平台上有直观的感觉。这就导致很多衣服、鞋、帽子被买回来试穿后发现不合适，又要退回去，造成很多麻烦和纠纷。

那么，有没有什么黑科技能让人们在家里就能试穿衣物，体验衣物上身的实际效果呢？有！下面从3D建模以及虚拟现实和增强现实这两个角度，试着剖析这“黑科技”中的原理。

三维重建技术

当前各大网购平台纷纷推出了虚拟人、虚拟场景的功能。用户可以构建一间自己的房间，网购平台会根据用户设定的年龄、性别、发型、脸型、身型等数据在“房间”内创建一个完全虚拟的3D人物。这样，如果用户看到某款衣服，就可以把这件衣服“模拟”穿到以自己为模板创造的虚拟人身上，从而直观看到穿着的效果了。有不少服装品牌都在与网购平台合作，将自己的当季新款服装虚拟化为服装道具，以方便用户选取和试穿。不过，虚拟人毕竟不是真的自己，穿在虚拟人身上的样子，可能和穿在自己身上的差别还是相当大的。另外，尺码也不是通过参照虚拟人就能拿得准的。最后，上身效果不理想、尺码不合适，到头来还是得退换货。

有什么解决办法吗？有，三维重建技术可以帮人们解决问题。

三维重建技术的主要作用是把现实中的物体，如人、衣服、家具、房间等，通过构建数学模型和存储关键信息的方式保存到计算机上。利用它，网购平台就可以通过一定的技术手段，把要售卖的衣服、鞋、帽制作成在计算机上可以虚拟试穿的服装了。如果条件允许的话，也可以到专门的实验室亲身走一趟，让技术人员们把自己也三维重建一下，然后把所有产生的数据都上传到网购平台上，这样，在网购平台上就可以（几乎）看到和自己一模一样的人，在试穿虚拟衣服时，就能看到更真实的效果啦！

常见的三维重建方式可以大致分为两大

类：多视图方式或者单视图方式。

多视图方式类似人类的双眼，用若干摄像机通过两个甚至更多角度拍摄目标物体，然后根据各个角度的2D成像信息，计算出摄像机所对应的坐标与现实世界坐标之间的关系，就可以重建出这个物体的三维信息了，如图1所示。

此外，多视图方式中还有一种只使用一个摄像机也可以取得3D图像信息的方法，门道就在于要同时利用一个投射器，它射出去的光是“结构光”。这种结构光可不是普通的自然光线，而是具备一定结构（比如黑白相间）的光线，它打到目标物体上时，会因为物体表面的凹凸不平产生不同的形状，如一些条纹或斑点等，如图2所示。这样，就可以收集并根据这些不同的形状，计算得出物体的三维图像。广义上，也可以将其理解为多视图方式。

另一个方式就是单视图方式了。由于单视图获取的信息不完全，就需要一些其他信息来辅助实现三维建模，常见的较为直接的方法是利用图形图像分割技术，将图片中的区域分割为多个实体，并且利用一些先验信息标注这个区域，比如这里是一个石头外墙的建筑物，建筑物前面有两个石狮子。随后便可以使用这些信息来辅助实现三维重建。

除了以上介绍的两种方式外，随着深度学习的不断发展，利用深度神经网络从单一的二维图像中重建三维物体也成为一种可行的方法，其中的主要原理是通过训练神经网络，让它学习二维图像和三维物体之间的映射关系。具体的方法较为复杂，在这里不做赘述了。

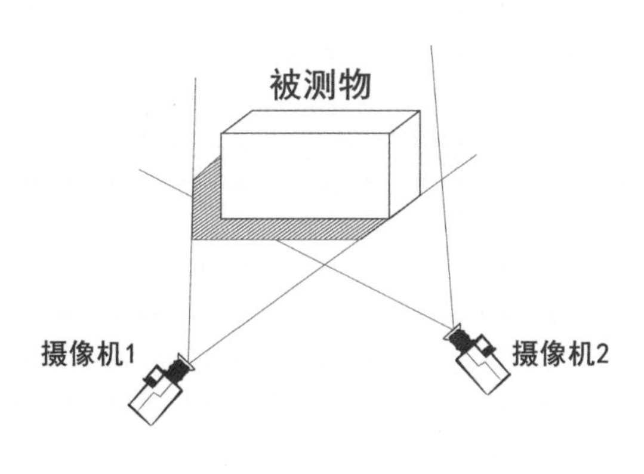

图1　多视图方式

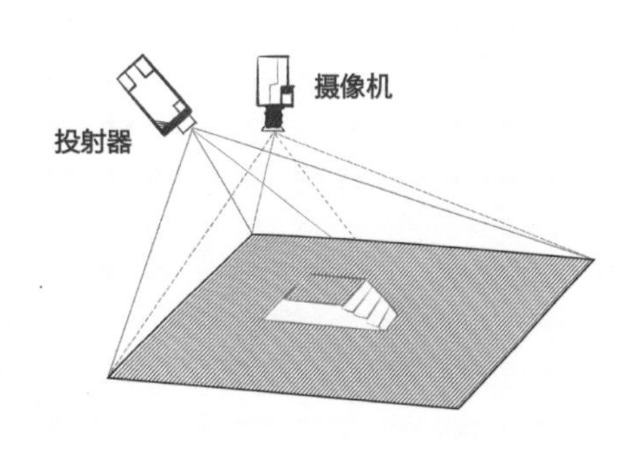

图2　使用一个摄像机的多视图方式

虚拟现实和增强现实技术

经过前面的步骤，假设自己的形象以及网购平台中的大批衣服、鞋、帽都完成了三维重建，那如何真正实现对衣服的试穿以及对整体效果的观察呢？接下来，就要讲到两个重要技术的结合——虚拟现实技术和增强现实技术。

虚拟现实（Virtual Reality，VR）

穿戴上特制的头戴设备、特制的服装等，通过计算机模拟出一个虚拟世界，用户就可以完全沉浸到其中。目前市面上可以购买到的虚拟设备及软件，以模拟视觉和听觉为主，但其实真正的虚拟世界应该能够模拟人类的5种感觉：视觉、听觉、触觉、味觉、嗅觉，当然实现起来就很难了。VR现在最常被应用的情景是3D虚拟游戏，很多公司都推出了自己的游戏眼镜。

那VR如何帮用户挑选衣服呢？可以想象一下：戴上VR眼镜，眼前出现了一个完全镜像的、来自前面提到的三维重建的自己，然后还有同样由三维重建形成的海量的虚拟服装。通过品牌、类型、颜色、尺码等信息搜索到想买的衣服并“穿”到“自己”的身上，然后“请自己”原地转身360°，看看效果。这样的方式比前面提到的虚拟人的方式要更具沉浸式的体验感，试穿的效果也更接近真实。

增强现实（Augmented Reality，AR）

同样通过穿戴特制的头戴设备，或者一些特制的屏幕设备，特制的服装等，在不影响真实环境体感的同时，用户可以获得更多的支持信息。比如戴着AR眼镜作战的特种兵，就可以在眼镜片上实时获得从后方传来的重要战场信息，如通过卫星发现的敌方兵力、位置、装备等，从而能够做到知己知彼。但是同时，我方战士对身边真实所处的环境又有完全清楚的感知，不会因为有虚拟信息的存在，而忽略掉身边近在咫尺的敌人的威胁。

那AR又如何能够帮用户挑选衣服呢？可以看看如下两种方式。

比如进商场选购服装，如果有如图3所示的AR设备，就可以通过其摄像头拍摄并且完成对自己的三维重建，在屏幕里形成一个虚拟的人物。然后从商家已经提前完成好的、对自己售卖服装进行虚拟化所形成的服装库中，用户就可以挑选衣服并虚拟地穿到“虚拟的自己”身上了！AR设备通常提供交互界面，用户可以通过点击屏幕、肢体动作或者语音要求AR设备更换衣服的颜色、尺码，来尝试不同的衣服，这样，不需要穿脱衣服就可以完成对服装的选择。

当然还有更酷的可能，比如戴着AR眼镜在街上走路，看到有人穿的衣服很漂亮，就可以通过AR设备从互联网调取这件衣服的品牌、颜色、用料、价格等信息，一目了然。

前面提到的VR和AR两种技术很相似，但其不同点也较为明显，总而言之，VR是通过设备让使用者完全沉浸在虚拟的世界中，使用者所看、所听、所感受的全部是虚拟信息；而AR是通过设备为使用者提供更多无法从现实中直接获得的额外信息，使用者在使用过程中并没有脱离现实环境，眼中看到的一半是真实、一半是虚拟。

更进一步地，还有一个混合现实（Mixed Reality，MR）的概念，简单说就是把VR和AR的能力整合，制造一个混合的世界，让真实世界和虚拟世界的人和物体混合在一起。通过MR，用户就可以在家里，给自己真实的身体试穿虚拟的衣服并观察是否合身，还可以实时得到衣服的品牌、面料、价格、购买渠道等信息，从而可以在家里拥有所有在商场购买衣服时的要素啦！

图3　虚拟试衣

网上试衣和元宇宙

最后多啰唆两句近年特别火爆的元宇宙（Metaverse）概念。元宇宙在2021年底入选《柯林斯词典》的2021年度热词，是21世纪20年代风头正劲的概念。元宇宙是利用科技手段进行连接与创造的、与现实世界映射与交互的虚拟世界，具备新型社会体系的数字生活空间。元宇宙一词诞生于1992年的科幻小说《雪崩》，小说中虚构了一个完全独立于现实社会的巨型虚拟现实世界，人们在这个世界中可以真实地生活、交易、在工作中竞争，并最终实现在这个世界中的个人价值。

实际上元宇宙并不是一项技术，而是一种理想，它需要整合现有技术，以及正在研究中的高科技新兴技术来实现，这包括了：

（1）VR、AR、MR技术

用以解决沉浸式的用户体验，为现实世界和虚拟世界的分割构建基本条件；

（2）数字孪生技术

主要作用是把现实社会有的内容，逐个地镜像到虚拟世界中，前文提及的三维重建技术就是数字孪生技术中的一个重要环节；

（3）区块链技术

这在前文中没有提及。随着元宇宙不断发展，除了对虚拟世界的感知和对现实社会关键要素的复制之外，人与人之间的交易体系也需要被建立起来。在元宇宙当中不光需要花钱，还需要赚钱，因此就需要一种与给钱和收钱有关的可靠机制。区块链技术就是构建这种机制乃至整个经济体系的关键。

对于网上试衣服这件事，VR/AR自然是其中最重要的技术。但了解了元宇宙的概念和主要实现技术后，发现如果能够充分利用区块链技术，就可以实现购买衣服的支付动作。也就是说，在元宇宙世界中不光能在“家”中试穿网上的“衣服”，还可以付“钱”购买“衣服”并“穿”到自己身上，然后和“朋友们”一起出去野餐呢。

人工智能可以预测父母什么时候生气吗？

计湘婷

从小到大，人们都会有一个“特异”的功能，那就是在父母生气前做出预判，及时平息父母的怒火或是早早逃离现场。但是也有可能出现另一种情形：因为过于“调皮”而没有及时做出预判，最终“躲避失败”。那么人工智能“深度学习”发展到今天的程度，是否能帮助大家预测父母什么时候生气呢？

“预测”或者说“逻辑推演”的能力，是人类与生俱来的，但对机器来说却非常困难。

一个典型的场景：妈妈给小朋友看狗狗图片A并告诉他“这是狗狗”后，再给他看狗狗图片B时，小朋友通常会兴奋地伸出食指喊“这也是狗狗！”

然而，如果将狗狗图片A输入一台智能机器，即使告诉它这是一只狗，随后在输入B时，机器很可能也认不出来。

这个残酷的现实告诉人们：机器无法像人脑一样快速认知“狗”的概念，即使让机器看过狗狗A，它也没有办法推论出狗狗B“也是狗”——因为机器没有“人类智慧”。

但这并不能代表人们对机器就束手无策了。随着社会发展和科技进步，基于数据量、算力、算法的大幅提升，人工智能技术在预测学领域得以实用化，其中趋势预测算法在很多方面起到至关重要的作用。

图1　智能机器并不能分辨每一种狗

人工智能是如何具备“预测能力”的?

为什么小朋友不到一秒钟就能准确识别出不同类型的狗，机器却不能呢？因为人的大脑极其复杂，为了让机器也像大脑一样“思考”，只能将其抽象成一堆算法，比如决策树、随机森林、逻辑回归、SVM、朴素贝叶斯、K最近邻、K均值、Adaboost、深度神经网络、马尔可夫等。其中，最常用的就是深度神经网络（Deep Neural Networks），它是深度学习的基础。

所以，让机器具备人工智能的前提，就是用一定量的数据对机器进行“训练”。如果机器能够根据一些狗狗的图片（训练数据），推演识别出各种类型和状态的狗狗（包括卡通狗狗），就说这台机器被赋予了某种程度的“智慧”或者说它具备了一定的“预测”能力，也就是具备了人工智能。

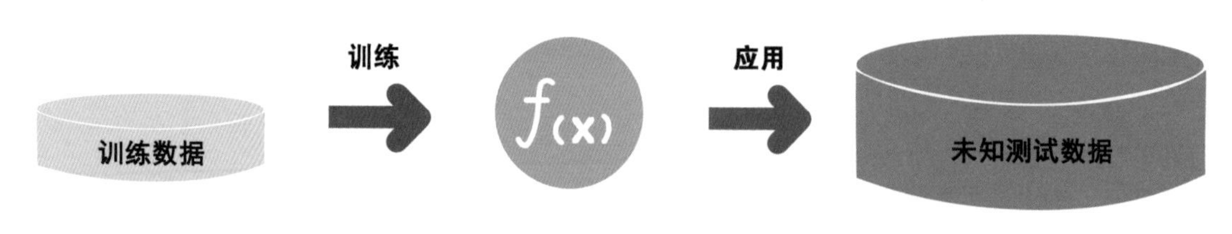

图2　机器学习的过程

这个学习的过程，在人工智能术语里称为机器学习。机器学习种类包含：监督学习、半监督学习、增强学习、无监督学习。

在各类机器学习中，无监督学习常常被用于数据挖掘，即用于在大量没被下定义的“未知”数据中发现些什么。无监督学习的目标是能对观察的对象进行分类或者区分等。例如，无监督学习应该能在不给任何额外提示的情况下，仅从一定数量的“狗”的图片中自行提取特征，将“狗”的图片从大量的各种各样的图片中区分出来。

而监督学习能解决最常见的分类问题。监督学习会从给定“定义”的训练数据中学习出一个模型，当新的数据到来时，就可以利用这个模型预测结果。在本文中，预测结果即父母是否会生气。

由此可见，只要想方设法得到大容量、准确可量化的、关于父母情绪的历史数据，再基于这些数据的特点，就能借助人工智能（训练出的模型）预测父母什么时候会生气。

“人工智能预测父母生气”的步骤

先来界定一下人工智能预测父母生气的理想目标：

通过神经网络，能预测、洞察父母情绪的波动（包含生气和开心等），提前1～3天知晓他们情绪的潜在变化，同时通过人工智能筛选出父母的一些“重要的生气场景和日期”数据，再利用数据挖掘、机器学习模型、量化技术等进一步分析，就能知道父母是否要生气了。

数据，对于机器学习十分重要。没有合适的数据，就无法训练得到机器学习模型，从而无法进行相应的预测。因此，想要建立预测父母生气的模型，有一个相对简单的办法。首先尽可能早地把能收集到的、与父母之间的各种交互数据（截至此时、此刻、此分、此秒），比如和父母汇报成绩、询问是否可以玩游戏、询问是否可以去打球时的相关数据，想办法通过数据软件和工具记录、整理这些数据。

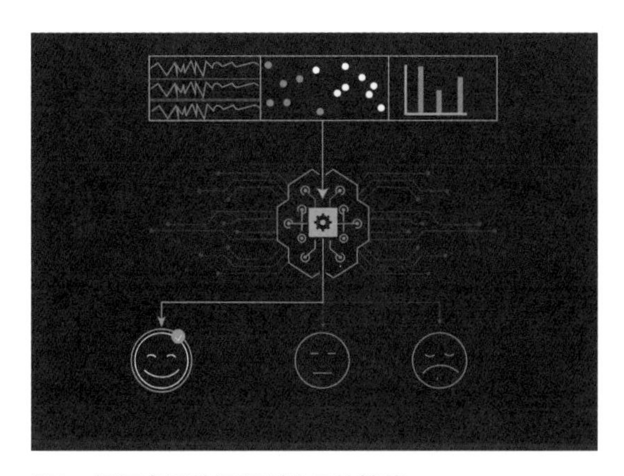

图3　根据多重数据预测父母的情绪

然后通过人工智能，按时间顺序，将父母情绪变化的技术面、消息面、基本面的数据绘制下来，并利用线性代数等数学工具，从这些数据中得出正向影响元素和负向影响元素。再将这些正负影响元素按照时间顺序进行归纳，得出当前父母的心理状态，并从历史角度来看，有哪些正负影响因素。

每过一段时间，归纳整理的父母的历史数据量就会变得更大，人工智能用这些数据训练人工智能，它的分析能力也会变得更强，逐渐形成正循环。

“预测生气”的过程通过机器学习来进行，包括“训练”和“测试”两个部分：人工智能将既有的父母情绪数据打乱，随机抽出一部分用作训练，剩下的一部分用作测试。训练的目的是从中找到当前数据中最有效的因素，做归纳并总结特点，而测试的目的则是检验当前训练的结果。

打个比方，就像一位“情绪预测学霸”准备考试，手里有200套练习卷子，先选做150套，用于练习、归纳，积累经验。剩下的50套试卷，则用来检验学习的效果。

对于同样的200套试卷，学霸有好几种划分“训练-测试”卷子的方法。当然，每一次训练-测试，他都可能得到不同的结果：第一次，取前150套卷子用来训练，取后50套用来测试；第二次，取后150套卷子用来训练，取前50套卷子用来测试。如果结果表明，用第一次选择的卷子进行训练，效果比第二次好，那么学霸在之后学习中会偏向以第一次训练得出的结论学习。

人工智能在“生气预测”中的原理和上面的类似，只不过把“试卷”换成了“数据集”。

人工智能通过不断模拟父母的情绪状况，对他们最有可能生气的历史结论进行反馈。且不论预测得是否准确，人工智能都会记录下结果。至此，人工智能一次次从实战中学习，分析出在何种情况（条件）下，何种影响因素“最容易让你的父母生气”。

也就是说，在训练之前，人工智能对“父母什么时候生气?”只是产生随机的答案，如果它答对了，可能只是运气好罢了；如果它答错了，就得人为纠正一下（调参数），这个过程称为“泛化能力”，指的是机器能够识别出跟训练素材相似的但从未见过的东西。

通过年复一年、日复一日地训练，一个能预测父母在何时何地生气的“学霸”就诞生了。

人工智能真能预测未来吗？

正是因为人工智能可以收集和读取人类行为数据，并快速预测人们下一步会做什么，所以在日常生活中，还可以通过选择合适的算法，产出各类和人工智能行为或趋势预测有关的应用。

比如，人工智能平台已经开始帮助企业了解客户适应新现实的方式。企业可以通过人工智能来预测和分析用户的历史行为，从而确定用户想要什么、需要什么或接下来做什么。正是由于人工智能可以帮助商家更深入地了解用户，未来的电商行业将越来越重视人工智能创造的客户体验——用户的每一次查询，都代表着消费意图，且与用户接下来要采取的行动高度相关。

又比如，利用人工智能技术对股价的趋势进行预测。通过机器学习算法，以过去若干年与某只股票相关的K线走势、公司相关报道的情感分析作为数据，人们可以通过训练得到一个能够预测股价的机器学习模型，并用该模型对股价进行趋势预测。

此外，还有如情感分析、聊天机器人、图像识别、语音识别、天气预测等相关领域的各类人工智能产品。

人工智能之所以对人的行为具有预测能力，是因为在人类进化的漫长历史中，人类的行为并不是随机的，而是存在一定规则的。通过对人类行为的大数据分析，人工智能可以获取到人类的行为的各种规则和优先级排布，从而对人类行动的趋势进行预测。未来，人工智能将越来越多地帮助人类找到人类观察者难以洞察到的趋势，甚至能做出人类难以理解的辅助决策。

不过，因为机器学习算法只有在经过训练并在大量数据上得到验证后才能正确工作，所以今天的人工智能产品研发企业常常面临着“如何获取准确数据”这一巨大的挑战。也因此，即使真的构建出了一个预测父母生气的模型，由于数据规模、数据标注的准确性、父母的情感及心理状态过于复杂等各种原因，很难确保这个模型具备足够的精度和有效性，也就无法保证让它来帮助人们“躲过一劫”。

更多的实践表明，在现有的科学发展水平之下，基于人类大脑的复杂性，再强大的人工智能预测系统，往往也是被作为“辅助决策”来使用的，并不能真正替代人类完成工作。

人工智能与人类的界限在哪里?

计湘婷

人工智能与人类之间的界限在哪里?人工智能会取代人类吗?如何创造“好的”人工智能?机器合乎道德意味着什么?如何在道德的基础上使用和开发人工智能?人工智能的伦理问题该如何应对和处理呢?

先来看涉及人工智能技术伦理的以下3个典型场景。

啊,怎么能殴打机器人!

机器人研发公司波士顿动力(Boston Dynamics)为了测试机器人受阻后恢复动作的性能,对机器人进行棍棒“殴打”,没想到一度引发公众很大争议。不少网友表示看后心疼,称终有一天它们会把所受的“虐待”报复给人类。

我可以和机器人谈恋爱吗?

看完电影《Her》,很多人会发出这样的疑问。实际上这个问题包含了一个严肃的哲学问题和人工智能技术伦理问题——什么是爱。电影中的男主人公有着一个与他完美契合、百般包容他的人工智能——她,“她”可以不断地进行自我学习,通过强大的计算能力为主人公提供慰藉,而主人公也慢慢对这个“她”产生了爱情。

我为什么要被监控?

一家人工智能独角兽公司在校园试点“基于人脸识别的教室监控”系统,可以监控学生在课堂的一举一动,如举手次数、打瞌睡、交头接耳甚至注意力是否集中,并进行可视化呈现。但这是否合理呢?有观点认为,抬头、低头、发呆、打瞌睡等,全部都会被摄像头“抓住”并记录,从本质上说,这已经大大超越了以“识别人脸”来认证身份的范畴,而成了全方位的“人身监视”。

图1 基于人脸识别的监控系统

尽管现在离真正意义上的人工智能时代还很遥远，但越来越多的现实场景案例，让人们不得不去思考技术融合、技术恐怖主义以及人工智能技术的“能”与“应该”的界限等问题。

人工智能的伦理困境

多年前，Uber公司曾发生过一起自动驾驶汽车致死事故，事故原因是这辆车的传感器已经探测到了一位正在横穿马路的行人，但自动驾驶软件没有立即采取减速或避让措施，最终酿成悲剧。这起事故从表面看，体现的是技术问题：Uber无人车检测到了行人，而没有选择刹车或避让。但如果往深层剖析，实际上，把判断权转移给计算机系统，就牵涉到人工智能技术的道德和伦理困境了。

在一般人看来，自动驾驶汽车上的人工智能系统中的数据是公平的、可解释的，没有种族、性别以及意识形态上的偏见的。但IBM研究中心研究员弗朗西斯卡·罗西却认为，大多数人工智能系统都是有偏见的；谷歌自动驾驶负责人曾表示，危急情况下，谷歌无法决定谁是更好的人，但会努力保护最脆弱的人。

但别忘了，保护脆弱的人意味着必须对人、对不同的人做出划分，还要对一个人的生命价值与一群人的生命价值做出比对。自动驾驶的道德悖论之所以出现，是因为这一问题在自动驾驶时代本质上是一个算法问题，背后还涉及编程人员根据现实经济收益与成本考量的理性选择。

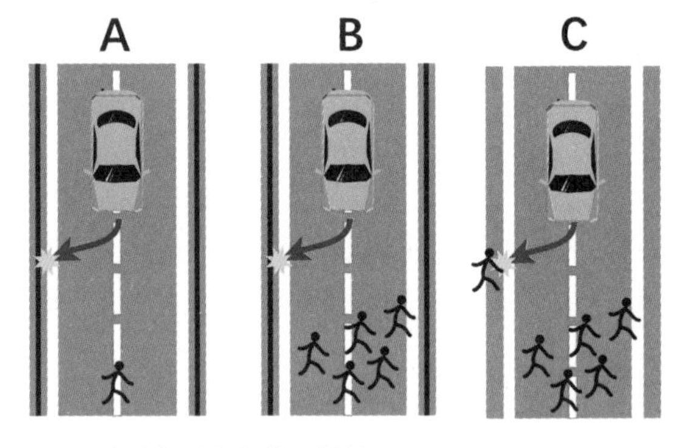

图2 自动驾驶汽车的3种选择

另一个更典型的人工智能伦理困境是护理机器人。凭借没有灵魂的算法，就能使机器人眨眼、唱歌，做出各种不同的智能动作。但2017年的一项调查中，近60%的美国人表示，他们不希望使用机器人来照顾自己或家人；64%的人认为，机器人的照顾只会增加老年人的孤独感。然而，一些老年群体则表示他们愿意拥有一个护理机器人，并和它成为朋友。

图3　动物和机器人，都能成为人类的好朋友吗？

“反攻人类”的问题

除了困境问题，人类更担心的问题是人工智能技术的发展导致它们最终反攻人类。这种担心通过各类科幻电影被逼真地反映了出来。

《西部世界》中建立了一个真实版的游戏体验场，人们只认为这是一个供大家消遣的地方，却不知道人工智能正在学习，并终与人类为敌。《西部世界》中，人造人觉醒的时候，它们发现所谓的“人”生不过是一种情节中的设计，于是便开始发动反攻人类的战斗。

在《西部世界》中，每当人造人被伤害时，或者人造人在实验室中被毫无尊严地对待时，都会引起观众心中或多或少的不适，让观众感到似乎有什么地方不对，但是为什么不对？暴力、侵犯隐私等，是机器人与人类之间横亘着难题，而这些仅靠现有法律已无法解决。这些电影都暗喻着人类对人工智能伦理问题的担忧。

科幻电影中的人工智能梦魇，也从某种程度上表现出人类害怕比自己更高级、更接近神性的智慧物种。未来学家库兹威尔在《奇点临近》中的说法：一旦超过了某个奇点，就存在彻底压倒人类的可能性。而物理学家霍金、谷歌董事长施密特等之前都警告强人工智能或者超人工智能可能威胁人类生存，还有一些更为激进的科学家提出“要把人工智能关进笼子里”。

人工智能伦理的发展

人工智能伦理问题算得上是新兴科技哲学范围的问题。从人文视角来看，随着人工智能的发展，人工智能甚至会带来一些有可能撼动社会基础的根本性问题。而回溯人工智能的发展史，也许可以看出人工智能伦理问题的变化和发展过程。

肉做的计算机

1956年，科学家在达特茅斯学院召开了一次特殊的研讨会，会议的组织者约翰·麦卡锡为这次会议起了一个特殊的名字：人工智能夏季研讨会。这是第一次在学术范围内使用“人工智能”这个名称。“人工智能之父”马文·明斯基信心十足地宣称：“人的脑子不过是肉做的计算机。”

在这个阶段中，所谓的人工智能在更大程度上是在模拟人的行为、感觉和思维，人们期望让一种更像人的思维机器能够诞生。著名的图灵测试，也是在“是否能够像人一样思考”的标准上进行的。

但是问题在于，机器思维在做出自己的判断时，是否需要人的思维这个中介？也就是说，机器是否需要先绕一个弯路——将自己的思维“装扮得像一个人类”，再去做出判断？

机器学习：不关心如何更像人类，而关心如何解决问题

人工智能的发展走向了另一个方向，即智能增强（Intelligence Augmentation，IA）上。如果模拟真实的人的大脑和思维的方向不再重要，那么人工智能是否能发展出一种纯粹机器的学习和思维方式？如果机器能够思考，是否能以机器本身的方式来进行？这就出现了机器学习的概念。

但是，一个不再像人一样思考的机器，或许对于人类来说，会带来更大的恐慌。如同《西部世界》中那些总是将自己当成人类的机器人一样，它们会谋求与人类平起平坐的关系。

打败李世石的AlphaGo，让人们看到了这种机器思维的凌厉之处，而分拣快递、在汽车工厂里自动组装的机器人也属于智能增强类性质的智能——它们不关心如何更像人类，而关心如何用自己的方式来解决问题。

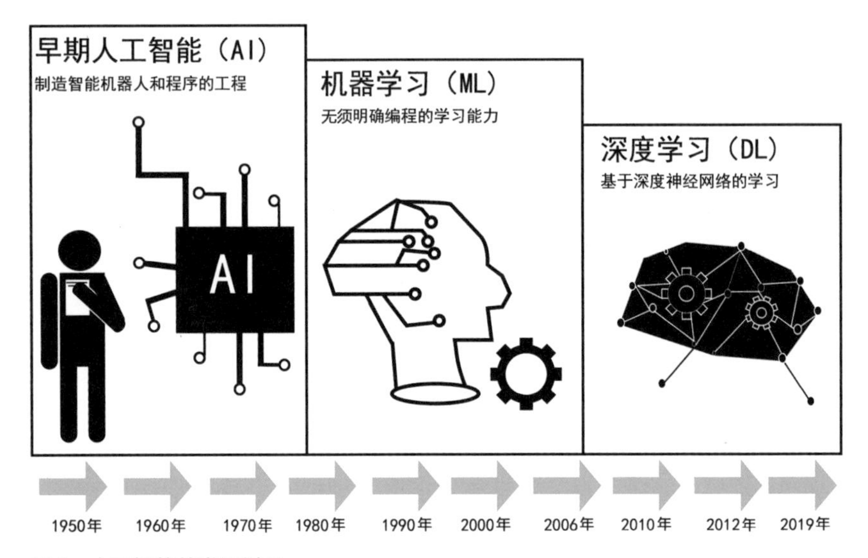

图4　人工智能的发展过程

很难说机器自己抽象出来的围棋策略，与人类自己理解的围棋策略之间是否存在着差别。不过最关键的是，一旦机器提炼出属于自己的概念之后，这些概念和观念就会形成一种不依赖于人的思考模式网络。这时，人工智能的伦理问题，将更多地侧重于探讨机器与人类的情感关系。但这个感情，还是通过机器学习而实现的，还没有自我意识的发生。

不希望发生的事情

人工智能作为一项中立的科学技术，在任何领域的应用都会有其利弊，那么，人工智能伦理问题带来的弊端有哪些呢？

算法歧视

算法是一种数学表达，非常客观，那怎么会产生歧视呢？

曾经亚马逊使用了人工智能驱动算法，利用历史数据筛选优秀的职位候选人，这成了一个著名的雇佣偏见事件——因为之前的候选人选拔就存在性别偏见，所以随之诞生的算法也倾向于选择男性。而一些图像识别软件甚至会将黑人错误地标记为“黑猩猩”或者“猿猴”。

图5　人工智能筛选职位候选人

随着算法决策越来越多，类似的歧视也会越来越多，比如将算法应用在犯罪评估、信用贷款、雇佣评估等关切人身利益的场合，一旦产生歧视，必然危害个人权益。此外，深度学习是一个典型的“黑箱”算法，连设计者可能都不知道算法如何决策，要在系统中发现有没有存在歧视和歧视的根源，在技术上是比较困难的。

隐私忧虑

很多人工智能算法，包括深度学习，都是基于大数据的，即需要大量的数据支撑来训练学习算法。数据已经成了人工智能时代的“新石油”，但也同时带来新的隐私忧虑。

美国联邦贸易委员会曾向Facebook开出50亿美元的巨额罚单，据称是与Facebook一次大规模的数据泄密事件有关。

人脸识别是人工智能最具争议的应用之一。美国人脸识别创业公司Clearview AI曾称其所有客户名单被盗，黑客窃取的数据包括其整个客户列表、客户进行搜索的次数以及每个客户开设的账户数量等信息。此前，

Clearview AI从互联网上搜集了30多亿张照片（远超FBI的数据库），包括来自Facebook、Instagram、Twitter和YouTube等流行社交媒体平台的照片。

此外，如果在深度学习过程中使用大量的敏感数据，这些数据可能会在后续被泄露出去，对个人隐私产生影响。而考虑到各种服务之间的大量数据交易，数据流动频繁，数据成为新的流通物，将会削弱个人对其个人数据的控制和管理。

人工智能的安全风险

人工智能安全始终是人们关注的一个重点，美国、英国、欧盟等都在着力推进对自动驾驶汽车、智能机器人的安全监管。此外，安全往往与责任相伴，如果自动驾驶汽车、智能机器人造成人身、财产损害，谁来承担责任？因为系统的自主性很强，“黑箱”的存在导致它的开发者难以预测事故或很难解释事故的原因，所以如果按照现有的法律进行认定，可能会产生责任鸿沟。

图6　机器人的安全监管

机器人权利

如何界定人工智能的人道主义待遇？随着自主智能机器人越来越强大，它们在人类社会到底应该扮演什么样的角色呢？自主智能机器人到底在法律上是什么？自然人？法人？动物？物？欧盟已经在考虑要不要赋予智能机器人“电子人”的法律人格，让其具有权利义务并对自己的行为负责。

观点更为中立的科学家提出要为人工智能“立法”。以德国交通运输与数字基础建设部下属的道德委员会公布的一套被称为“世界上首部”的自动驾驶道德准则为例，这是目前全球范围内唯一一个被列为行政条款的与人工智能相关规范，但其在具体实施过程中依然存在大量技术难题，比如如何让负责自动驾驶的人工智能系统能准确了解条款中的含义。准则中明确，保护人类生命一定是首要任务，在事故无可避免的情况下，人的生命要比其他动物、建筑物更重要。事实上，这一人类的生命都是平等的判断，会加剧自动驾驶系统的选择难度。

图7　机器人的权利

可见，解决人工智能伦理问题仍然长路漫漫。在人工智能技术大行其道的今天，人们不应该只专注于发展技术，对人工智能进行伦理测试在未来将变得越来越重要。今天，人工智能技术的发展不仅需要工程师参与其中，同样需要哲学、伦理学、法学等其他社会学科专家的深度参与，这样才能确保人工智能的发展与人类的价值观相一致。

计算机能预测我长大后会变成什么样子吗？

崔原豪

现代意义上的第一次工业革命的标志是蒸汽机，机器代替了手工劳动；第二次工业革命则带来了电气时代；而第三次科技革命的杰作之一计算机，让人们走进信息化时代。而在今天，由计算机孕育的人工智能已经可以回答某些过去无解的问题，例如，预测未来长相。只需几张面部照片，人工智能就能预言未来数十年的相貌变化，其中有什么奥秘呢？

长辈们在评价晚辈的未来时，常会说一句俗语："三岁看老"，意为通过一个人在孩提时期的行为举止，就能判断他未来会是一个什么样的人。当然，长辈们不是有预知未来的能力，而是在传统文化习俗影响下所做的合理推测。这句俗语里，古人"看"的并不是长相，而是行为背后的习惯，即一个人在幼年时期养成的习惯会影响其一生。不过，一个人的行为习惯乃至身体形态，都是可以通过后天的锻炼进行塑造的。

然而，还有一些改变是我们无法控制的，例如相貌变化。婴儿的脸通常表情丰富，从婴儿时期的稚嫩童真的容颜，成长到青年时期的成熟的面庞，脸型、五官可能会随着生长发生彻底的改变。正因如此，许多年轻的父母常常因为自己宝贝像谁而争论不休。当然，孩子的相貌只会与父母有一点点相似，哪怕是亲兄弟的相貌也不会完全相同。

一项新的研究显示，人类DNA中有超过130个区域在塑造面部特征方面发挥了很大作用，其中鼻子是受基因影响最大的人体器官。每个人的长相是人体内基因和后天因素共同作用的结果，没有谁能精准地预言小朋友未来的相貌。时光易逝，每个人都会渐渐长大、老去。如果把要求放低一些，只想知道数十年后自己或孩子的相貌，在科技不断发展进步的今天，有可能实现吗？简而言之，计算机有办法预测我们若干年后的大致相貌吗？

人工智能技术或许能给我们想要的答案。尝试在网络上搜索与"预测未来长相"有关的话题，就会出现很多与之相关的应用程序，输入一张五官清晰的照片，就能预测出未来相貌。例如，英国一位研究者开发的人工智能相貌预测软件，可以通过将孩子与父母的脸型融合，帮助父母预测子女未来成年后的容貌；华盛顿大学研究者研发的人工智能软件，通过计算不同年龄和性别的群体之间的样貌变化，可以在30s内自动生成一名儿童生长各阶段的样貌照片。

当然，准确预测一名儿童的未来相貌变化

图1　根据父母的相貌预测孩子的相貌

一直都是非常困难的，因为儿童面部的形状和五官会受到很多因素影响而随着生长不断改变，比如种族和居住环境等，所以这些软件生成的相貌图片准确性还有待验证。相信这项技术有很大的发展空间，未来或许真的会出现准确预测相貌的软件，让人们能在计算机的帮助下，提前获知自己长大、变老后的相貌。

看到这里，大家有没有对人工智能技术产生兴趣？人工智能软件是如何凭借一张或几张图片，就能生成预测结果的呢？下面我们就一起揭开其中的奥秘。

什么是人工智能？

究竟什么是人工智能技术呢？人脸识别、语音助手、自动驾驶、大数据等都是人工智能的代表产物。简单地说，人工智能就是让计算机像人类一样思考、行动和学习。

人们在日常生活中接触人工智能的频率越来越高，有些读者家中，可能已经悄悄出现人工智能家居产品了。比如近年来流行起来的“扫地机器人”，就是使用人工智能来规划路径的，它在家里四处巡逻，模仿人类的行为习惯来打扫房间；还有智能语音助手，它能和我们流畅地交流，全靠人工智能来分析我们话语中的含义；甚至手机、相机里的自动美颜功能，也是人工智能图像识别算法的功劳。

简单来讲，人工智能让计算机变得更聪明了。“人工智能之父”阿兰·图灵定义：人工智能是能使计算机完成那些需要人类智力才能完成的工作的科学。相比于人类智能，虽然计算机的运算速度非常快，但传统的计算机软件只能按部就班地完成预先设定的工作，没有处理新事物的能力。

毫无疑问，人脑是大自然最神秘的作品。人们利用大脑思考，研究鸟儿的翅膀制造出飞机、学会像蝙蝠一样利用超声波，这样发现问题、定义问题、解决问题的过程，正是智慧的体现。人工智能研究者通过研究人类智慧，让计算机拥有自学能力，不再局限于人类制定的计算规则，尝试独立解决新问题。

人工智能的历史源远流长。在古代的神话传说中，就有女娲造人、炼金术等赋予所造之物智慧的描述。许多科幻小说中也出现过机器进化出智能的剧情，甚至至今，人工智能仍是科幻小说的重要元素。

而现代意义上的人工智能研究，开始于20世纪40年代，数字可编程计算机发明后。当时，神经学研究发现大脑是由神经元组成的电子网络，其激励电平只存在“有”和“无”两种状态；克劳德·香农提出的信息论则描述了数字信号（即高低电平代表的二进制信号）。这些科学发现推动了人工智能的诞生。

20世纪50年代初期，来自不同领域的科学家们希望机器可以像人一样完成任何智力任务。可惜这在当时注定是一项难以完成的任务，研究在20世纪70年代被迫中止。强人工智能的发展止步不前，导致了弱人工智能的出现，即把人工智能技术应用于更窄领域的专家系统。

1997年5月11日，“深蓝”战胜国际象棋世界冠军卡斯帕罗夫，成为第一个战胜棋类运动世界冠军的计算机系统。这一成绩的背后，是计算机性能的飞速提升，也为后续人工智能研究提供了可能。随后，越来越多的人工智能研究者开始开发和使用复杂的数学工具，开发复杂度更高、计算量更庞大的数学模型。通过机器学习，研究者尝试让计算机学会“举一反三”——在学习并提取出某些领域的特定任务的特征后，再去解决该领域的新问题。

随着研究人员对人工智能领域研究的不断深入，越来越“聪明”的人工智能不再局限于自然语言处理、图像处理等相对简单的任务。更复杂的人工智能开始尝试更具主观性的任务，比如创造音乐和画作。相比而言，只用一张儿童的照片生成成长过程中的一系列照片，无疑具有挑战性。

现如今，人工智能领域的研究集中在深度学习，而其中的关键就是“神经网络”——一种模仿人类大脑提出的数据处理方式。

神经网络的奥秘

从清晨睁开眼开始，我们的大脑就开始解析视线中的一切，比如分辨窗外的天气、柜子上的书籍和手机屏幕上的时间等。人类的大脑包含数以亿计的神经细胞，生物学上称之为

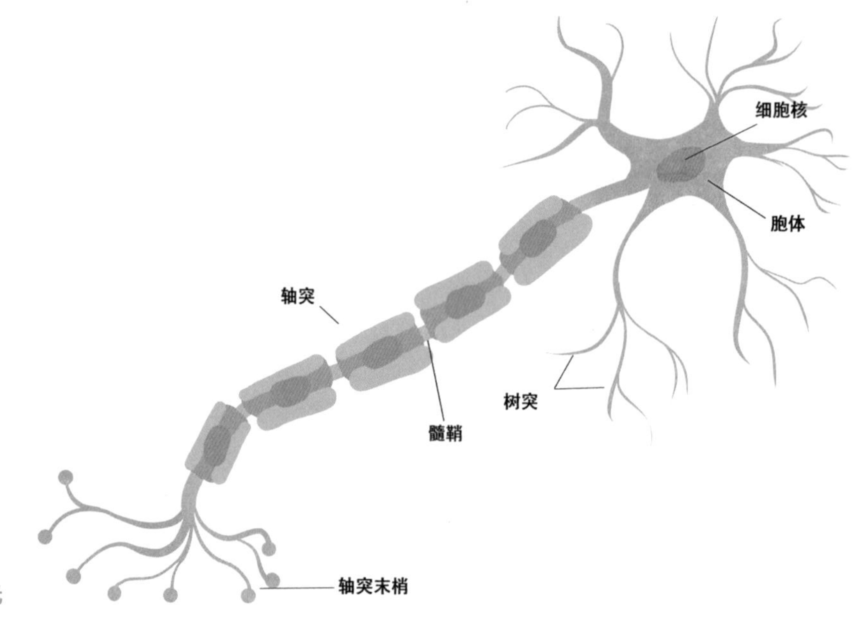

图2　神经元

“神经元”。每个神经元有数以千计的通道与其他神经元相互连接，形成复杂的“生物神经网络”，让人们能够感知身边的环境、流畅地与人沟通。

人工神经网络是建立在生物学上对神经元研究的基础上，为模仿人的神经元而提出的，是人工智能的重要分支。研究者认为很多工作的本质需求是寻找数据的规律，而数据的生成过程必然满足某种复杂的函数。只要收集足够的数据，利用数据对真实函数进行估计，就有了解决问题的途径。

如果要了解神经网络的本质，可以回忆我们上学时接触过的函数概念。确定一个函数关系，例如，$y=\alpha x$，对于每一个未知数x，都能够通过这一公式计算得到y值。做一道数学题时，首先要根据题中的条件列出计算公式，带入数据求解答案。但是有的题目中提供了非常多的信息，人们无法列出解题需要的公式，这时候该怎么办?

在生活中，两个对象间的映射关系（或者说对应关系）常常难以用数学公式表达，比如医生能针对性地给出每一位病人的治疗方案，这一过程就很难用数学公式代替。同样，每个人现在的相貌与未来的相貌间必然存在某种关系，这一点毫无疑问，这个相貌变化模型复杂到无法用数学公式理解。不过，神经网络却有可能将它变成现实。

神经网络建立在大量样本数据之上，也就是许多组x与y相对应的数据构成的数据集。如果用函数公式类比，x是输入神经网络的原始数据，y则是人们期望得到的结果。其本质是一个多元复合函数，通过模拟的神经元节点与构建出的层级结构，可以很好地表达函数的复合关系。当数据变得越来越复杂时，对应的关系模型的复杂程度也随之增加，难以用简单的函数公式来表示。如果将复杂的函数公式看作$y=\alpha x$的话，即借助神经网络载入已知的x与y的数据，就能逆向计算α。

具体到这个例子上，通过对大量人脸数据的分析和学习，研究者建立的机器学习模型将掌握人脸随年龄变化的规律，从而实现跨不同年龄的相貌预测。在训练期间，机器学习模型首先生成预测的脸部照片，再将该图像与真实图像进行比较并得到反馈，模型自身也会根据反馈不断优化。就这样，模型通过对数千位志愿者的不同年龄的照片进行处理，计算出在不同年龄段之间，照片上相貌有哪些变化，再将这种变化因素应用到新测试者的脸上，就能够预测他若干年后衰老或者若干年前年轻时的人脸图像。

人工智能有哪些应用?

人工智能作为当下科技领域的热门技术，在人们日常生活的方方面面都有重要的应用。例如，智能语音系统可以将音频转换为文本记录；通过学习用户的行为信息，网站有针对性地展示广告与商品；自动驾驶系统不断完善，使得自动驾驶汽车离人们越来越近……这一切都在展示人工智能的价值和魅力。

在医学领域，医用检测设备常以波形或图像的方式输出数据，作为医生诊断的依据。人工神经网络适用于生物医学信号分析处理中难以解决的问题，主要集中在对心电等信号的识别、脑电信号的分析、医学图像的识别等。医学专家系统就是运用专家系统的设计原理与方法，模拟医学专家诊断、治疗疾病的思维过程开发的计算机程序，帮助医生实施诊断和治疗。

在经济领域，由于影响因素众多，传统的统计经济学方法很难对价格变动做出科学的预测，而人工神经网络可以依据影响商品价格的家庭户数、人均可支配收入、贷款利率、城市化水平等复杂、多变的因素建立模型，对商品价格的变动趋势进行科学预测。

而在人脸识别中，跨年龄的人脸预测如今已被成功应用于寻找走失人口、影视游戏制作和维护社会公共安全等需要进行人脸图像处理与预测的场合。例如，将计算机人脸预测的最新研究成果引入公安刑侦系统，利用计算机自动生成嫌疑人的模拟画像，可以为刑侦破案提供有力帮助。

传统的编程中，由人们告诉计算机如何去做：将大问题划分为许多小问题，精确地定义了计算机应该执行的任务。而有了人工智能，计算机不需要人们告诉它如何处理问题，而是从提供的数据中计算出它自己的解决方案。现代意义上技术革命的第一个标志是蒸汽机，依靠蒸汽机出现了火力发电；电气时代的杰作计算机，相信由计算机孕育的人工智能将带来新的技术革命，让人类的科技发展进入全新的天地。

在未来，或许神经网络技术能够让计算机像人一样思考，人人都能拥有像钢铁侠中贾维斯一样强大的人工智能，为人们规划日程、制定计划，让人们的生活更加便捷、高效。在强大的人工智能算法帮助下，计算机能做到的事情，要远不止于“精准预知”一个人的相貌变化。

不过，预测终究只是预测，计算机生成的未来相貌也未必准确。古人云：“相由心生”，我们要自信乐观地生活，相信未来的自己会更加优秀！

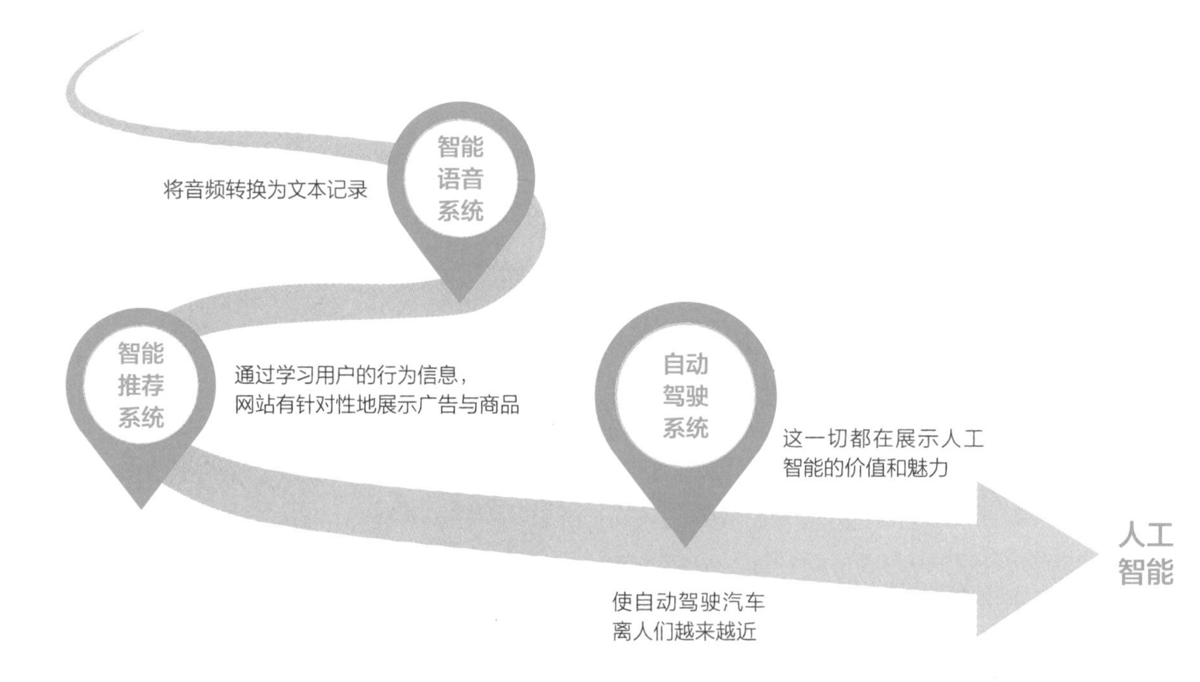

谁是最值得信赖的数据保护者?

崔原豪

大家有没有不小心丢失过手机中的关键数据？例如重要的照片、视频或是资料？不知何时起，云备份功能成了智能手机的标准配置，手机中各类数据信息都可以备份在云端，为数据安全上了一把锁。其实，何止个人用户，企业一旦因为意外事故导致数据丢失，承受的经济损失更是难以估计。那么云备份究竟如何守护数据，又要如何恢复呢？

随着时代和科技发展，智能手机扮演着越来越重要的角色，已经成为人们日常生活中必不可少的设备，它也让人们的工作、生活发生了翻天覆地的变化。

对于大多数人来说，新的一天就是从早上被手机闹钟叫醒开始的。然后，洗漱时，用手机查询当天的天气情况，决定自己今天穿什么衣服；出门后，用手机里的软件打车或乘坐公共交通；购物时，用手机浏览并支付购买商品；工作中，用手机联系、沟通，简化办公过程；游玩时，手机里的导航App让人们不再迷路，拍照功能帮人们记录下每个快乐的瞬间；休息时，人们会用QQ、微信、微博等社交软件和朋友互动，抑或是打开视频网站寻找快乐……

过去的手机是一个通信工具，而如今已深度参与到人们生活中的每个细节。数据公司发布的移动互联网数据报告显示：2020年，中国网民平均每天使用手机的时长从2019年同期的5.9小时上升到了6.1小时。这意味着，每天人们有四分之一的时间在手机上度过。

图1　无所不能的手机

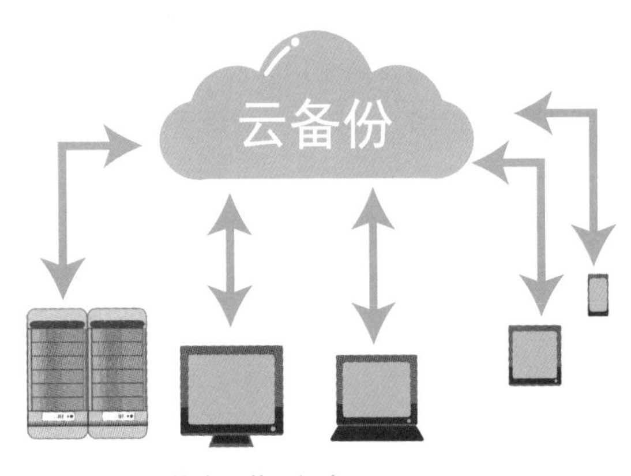

图2　云备份的应用范围很广

不知不觉间，手机里就保存了许多重要的个人数据，例如，聊天记录、照片、视频、办公文件和密码信息等。是否遇到过这种情况：手机不小心损坏、丢失了，或是在清理内存时不小心将所有数据格式化，导致重要的信息不幸丢失。

还有办法把这些数据找回吗？答案是有的。想要找回遗失手机中的数据，避免类似的尴尬，就不得不提到一个名词：云备份。

其实现在各大手机厂商都提供了手机数据备份服务，可以帮助人们将联系人、信息、相册等个人数据备份到云端。同时，还有一些第三方软件可以帮助人们实现数据备份与迁移，比如各类网盘。善用手机自带的云服务功能，当数据丢失时，只需重新登录用户账号，按照反过程就能在云备份App中找回保存在云端的数据，从而让手机“原地满血复活”。

手机里的云备份功能是不是很神奇？这时大家可能会疑惑：云备份到底是什么样的一种服务？它是怎样找回丢失手机中的图片呢？今天就带大家一起了解云备份这一神奇的“后悔药”。

什么是云备份？

在数据爆发的时代下，云计算已然是新兴技术领域和服务领域的重要一员，在生产、生活中的应用越来越多。当下，云计算正在通过各种应用服务渗透进人们生活的每个角落，而云备份就是从云计算概念和实践中延伸出的一种云端存储服务。

云计算是一种通过网络连接IT资源（如服务器、储存、应用和服务等）的应用模式，将网络中大量不同类型的存储设备通过应用软件集合起来协同工作，共同向用户提供数据存储备份和业务访问的功能服务。

因此，可以将云计算理解为资源共享池，即一个大型的储存服务。在计算机的概念上，就是系统计算，故称为“云”。当手机或计算机中的数据过多，没有多余的存储空间时，用户就可以将这些数据存放在云端，随时提取。

既然是一种“服务”，那云计算的服务方式有哪些呢？

云计算包括IaaS、PaaS、SaaS三种形式。而云备份实际上是SaaS模式中的一种具体应用。

（1）IaaS（基础设施即服务） 简单出租虚拟化之后的三大资源——计算、存储、网络，并将这几类资源组合成虚拟服务器。至于用户在上面装什么系统、运行什么业务，完全由用户自己完成。

（2）PaaS（平台即服务） 提供了一个软件部署平台，为开发人员提供云组件来创建自定义应用程序，其中服务器、存储等硬件和操作系统由供应商提供，用户可以运行自己的应用程序。

（3）SaaS（应用即服务） 直接向用户提供云应用程序，用户可以直接运行，使用方便。

形象地讲，IaaS是服务商为用户提供了一台虚拟的服务器，里面什么都没有，用户只能从零开始建设。这就像用户租用了一块地皮，在上面盖什么房子、种什么花草蔬菜、养什么宠物，完全由用户自己实现。

IaaS虽然灵活，但对有些用户来说使用难度太高了，因此服务商提供了第二种更贴心的服务——PaaS，替用户把开发平台搭建好，安装操作系统、数据库、软件开发环境等，可以看作服务商为用户提供了一台虚拟的计算机，用户可以在这台虚拟计算机上直接运行各

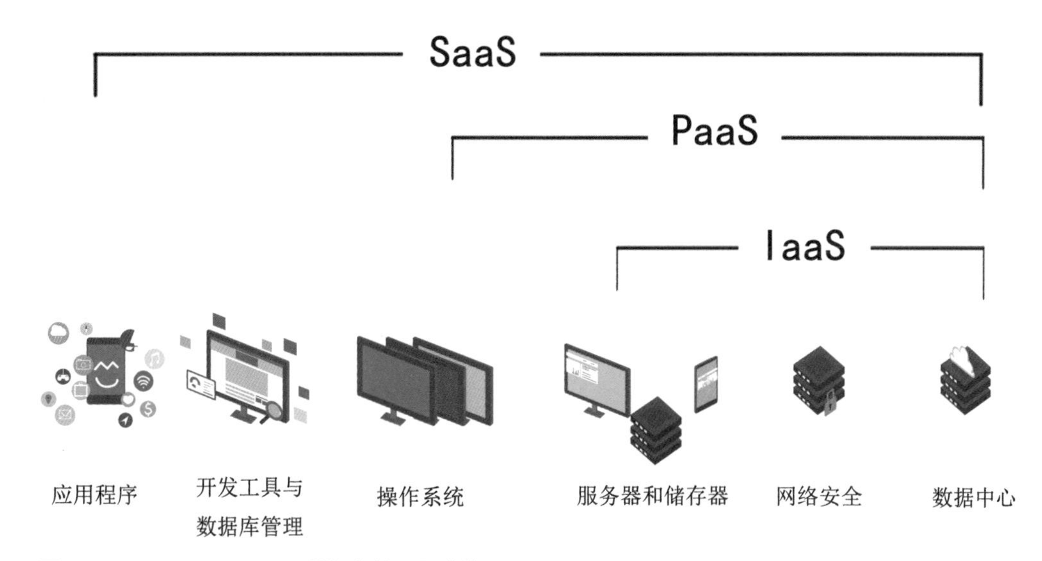

图3　IaaS、PaaS、SaaS所包含的不同功能

类应用程序。如果还用地皮来类比，就是服务商在地皮上已经帮用户把房子盖好，并把水、电、天然气都通上，后面用户要怎么装修、怎么布置房间，就靠自己了。

而SaaS的形式最简单，服务商会在云平台上把各种软件装好，用户只需登录即可使用，直接享受到云计算的各种应用程序服务。相当于服务商为用户提供了可以拎包入住的精装修房屋。云备份显然就是属于SaaS的，人们不需要经历烦琐的设置过程，只需运行云备份应用程序，就能将数据安全地备份到云端。除此之外，钉钉、百度网盘等应用程序都是SaaS的具体表现形式。

对于个人用户而言，最常利用云备份的方式是把手机中的个人数据如通讯录、短信、图片等，通过云存储的方式定期自动备份在云端，让它们随时“待命”等待提取。这样，用户就可以不受空间和设备的限制，不必承担数据丢失的风险，当数据误删或换机时，可以轻松恢复数据。

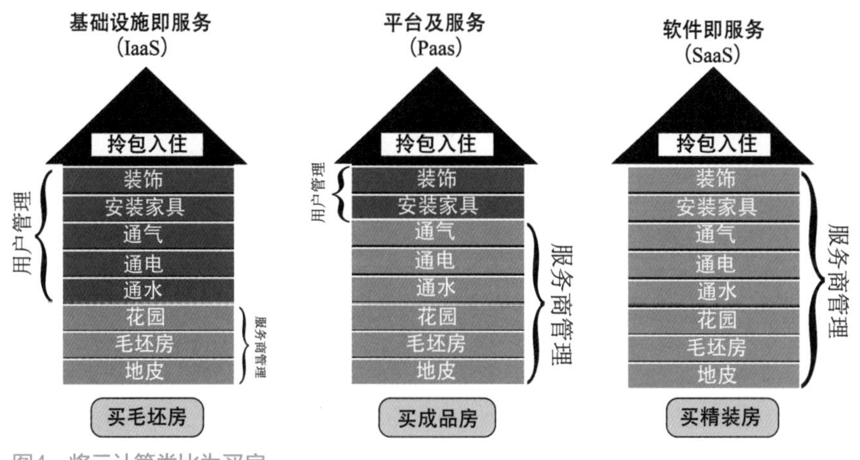

图4　将云计算类比为买房

云计算的历史

英特尔创始人戈登·摩尔曾说过："集成电路上可容纳的晶体管数目，约每隔两年便会增加一倍"。换言之：处理器的性能每隔两年增强一倍。如此快速的发展，导致硬件的成本越来越低，单个企业也能买得起大量的服务器。

很多大型企业配备了非常多的服务器，虽然在业务高峰期所需的硬件资源很多，但平均下来的负荷并不高。然而服务器还得按照最大需求来配，这种分配方式很不灵活，也就导致了资源的浪费。如果能把这些服务器闲置的能力整合成一个资源池，然后再出租给其他公司使用的话，不但能变废为宝，甚至还能开拓出新的商业模式。

大家都各自买服务器，花钱多不说，还要面对利用率低、扩容麻烦的问题。既然如此，那如果大量买入服务器，组成一个云端的资源池，按需租给大家使用，好不好？

于是，这种由大家各自买、各自用到一家集中买、其他家来租的思维转变，促成了云计算的诞生。

终于，2006年，谷歌在搜索引擎战略大会上正式提出了"云计算"的概念。亚马逊则是个行动派，早在谷歌提出这个概念的5个月前，就推出了商用的"弹性计算云"服务。这两个标志性的事件，正式宣告了云计算时代的到来，也意味着互联网的发展进入了一个新时代。

时至今日，16年过去了，云计算经历过质疑，也经历过被热捧的高潮，逐渐被人们所接受，进入了稳步发展的阶段。对于工程师，云计算是一种技术；对于商人，云计算是一种商业模式；对于用户，云计算是经常用到的一种服务。再加上云计算本身的应用广泛，业务范围涵盖弹性计算、数据库、网站域名、存储、大数据等领域。作为一个高大上的概念，云计算一直没有准确、通俗易懂的定义。

从特点上来看，云计算服务不直接出租实体服务器，而是把多台服务器的CPU、内存、硬盘、网卡虚拟化为计算、存储、网络三大类资源池，再分成小块灵活组合后租给用户。虽然在物理层面上，每台服务器可能有多个用户，但他们彼此在逻辑层面上是独立且隔离的。用户用了多少资源，就要支付多少费用，这样，每个用户可用的容量就可以灵活分配，不再受物理服务器的限制，如同在超市中购物一样简单、便捷。

正因为传统计算在资源分配上缺乏足够的灵活度，才有了"云计算"概念的提出。简单来说，相比传统计算，云计算的资源获取方式从"买"变成了"租"。提供资源租用服务的，就是云服务提供商。

云备份有什么优势?

云备份可以把个人数据或是企业的重要资料通过云存储的方式备份。在紧急情况发生时，用户可以利用云服务提供商提供的数据备份资源服务实现数据的备份和恢复。

数据存储的第一条规矩就是"永远拥有一份以上的备份文件"，这是一条永远不会过时的真理。当用户无法保证存储环境的绝对安全的情况下，"把鸡蛋放在不同的篮子里"将是我们能够实行的最优策略了。

作为一种基于云计算的应用程序，云备份是一种新兴的数据备份方式，其特点是高效、可靠、恢复时间短，为用户提供了把本地数据远程备份到云端的服务，具有很多优点，例如，能够依托于云服务提供商的“无限”扩展能力为用户提供按需调用的数据备份资源；云端服务器是分布式架构的，即这些设备分布于不同地理位置的数据中心，当发生火灾等意外时，仍能确保数据安全。近年来，云计算进入了硬件定义服务的新阶段，通过数据传输部分的资源池化和集中调度，可在硬件层面实现低延时和高带宽的数据传输，让数据备份的效率更高。除了认证要求的安全性之外，多数云服务提供商还能提供实时监控和管理，保障数据安全。因此，未来的数据保护领域，云备份将扮演更重要的角色。

在云计算兴起之前，有计算和存储需求的企业仅能选择租用机房、采购硬件来构建IT基础设施。对于一家公司而言，建设额外的数据存储设备不仅需要付出高昂的成本，还需要承担后续的大量硬件维护工作。而云计算则给出了一种简洁高效的方式：只需按量付费即可得到便捷易用的软硬件环境，并可随时按需更改。这对许多企业来说有着莫大的吸引力。许多企业会使用云备份技术完成灾备服务，将生产存储数据直接备份至云端，为珍贵的数据加上一份保险。

那对于普通人，云备份有什么用处？

通常来说，云备份的最大用途是防止人们的手机与计算机中的数据因为某些突发原因丢失。在平时使用手机时，相信很多读者都有过重要数据丢失、误删除的惨痛经历。云备份可以将人们的个人数据备份，如通讯录、照片、视频以及一些文件类的数据，当有意外出现时，云备份快速恢复所有数据，并且由于传输完全加密，数据安全也能得到保障。这就像给自己的数据上了一份保险，防患于未然。

通常来说，手机厂商会提供手机云备份服务，定期将手机中的文件、照片、应用程序、个人设置等数据同步至云端。当手机意外丢失或是损坏，用户能够通过云端存储轻松将这些数据恢复。此外，在刷机、升级系统、手机丢失或者更换新机时，云备份都能发挥重要作用。

图5　云备份

不过，用户使用手机附带的云服务基本不是为了分享各种资源，而是为了同步手机中的文件、照片、应用程序、个人设置等数据，这类数据的重复性低，也就导致了存储成本可能会较高。因此，对于手机厂商来说，云服务所带来的存储成本是一个固定的巨额开支，但却是加强用户体验的重要环节，也是手机厂商绑定用户的关键。毕竟，云服务特别是云备份给了用户极大的便利性，对于某些手机用户而言，一键换机服务可能就是选择某款手机的重要原因。

手机云备份在众多手机服务中并不起眼，却能带来极大的便利性，是用户在手机丢失时找回数据的奥秘所在。此外，现如今，云计算广泛应用在互联网企业的数据中心，改变了许多应用程序的运行方式，进而对人们的工作和生活产生了巨大影响。

每个人出生后都在不断地学习人类常用的表达方式，积累丰富的知识，并以此为基础，在某个方向上进行更大范围或者更深入的探索，持续拓展人类的认知边界。机器也在接受人类的指令和训练中不断变得更加强大，在某些计算规则明确、计算量较大的领域甚至超越了人类个体的计算能力，但是仍然在很多领域有较大的提升空间。本篇介绍了圆周率计算的发展历程，同时也说明了计算机在写作和认知世界方面存在的困难和挑战。有了强大的算力作为支撑，人类在圆周率的计算上获得了100万亿位的结果，可以相信计算技术在其他领域也会逐步突破，取得意想不到的结果。

学习篇

人工智能是如何看懂这个世界的?

人工智能写作与人类写作的差距有多大?

计算机出现前，圆周率是如何计算的?

人工智能是如何看懂这个世界的?

计湘婷

走进一家科技展馆，人工智能导览机器人向你行“注目礼”；肚子饿了走进无人超市，人工智能售货员亲切地提醒你是否需要购物车；不想开车了，叫一辆自动驾驶汽车，让“老司机”载你出行……人工智能正在为人们打开一个新“视”界，然而令人疑惑的是，人工智能的“眼睛”在哪儿呢？它是如何一步步“看懂”这个世界的呢？曾经，人类用眼睛“记录”了波澜壮阔的历史，未来，人工智能也能够真正地像人类一样去“观察”世界吗？

人类的“看”与人工智能的“看”，是一样的吗？

对于人类而言，“看”几乎是与生俱来的能力——出生几个月的婴儿看到父母的脸会露出笑容；暗淡的灯光下，人们仍能认出几十米之外的朋友。眼睛赋予人们仅凭极少的细节就能认出彼此的能力，然而这项对于人类来说“轻而易举”的能力，对计算机来说却是举步维艰。

人们的大脑中有非常多的视网膜神经细胞，有超过40亿个的神经元会处理人们收集到的视觉信息。人在感知外界时，70%由视觉负责，所以“看”是人们在理解这个世界时最重要的能力。

对于人类来说，“看见”的过程，往往只在零点几秒内发生，而且几乎是完全下意识的行为，也很少会出差错（比如当人看到一只猫和一条狗时，尽管它们的体型很类似，但人还是马上能够区分它们分别是猫和狗），而对计算机而言，图像仅仅是一串数据。

近几年，人工智能技术的迅猛发展，使得“计算机视觉”成为最热的人工智能子领域之一，而计算机视觉的目标是“复制人类视觉的强大能力”，但这非常困难。比如，当人看见一张狗的图片时，无论这张图片是否模糊、有噪点，或者有条纹，都能轻松地知道这条狗的毛发类型、品种，甚至能大概知道它的身高体重。但是人工智能遇到相同的情况，就会“犯傻”了。

为什么会这样呢？

人工智能的“偏爱”：纹理

重塑人类的视觉并不仅仅是一个困难的课题，而是一系列、环环相扣的过程。

研究认为，人类看的是相对高层的语义信息，比如目标的形状等。而计算机看的则是相对底层的细节信息，比如纹理。也就是说，对于一只“披着羊皮的狼”，人类与人工智能的认知并不相同。

人工智能的神经网络算法就是根据人的视觉系统开发的。德国图宾根大学科学家团队做了一组这样的实验：用特殊的方法对图片像素进行“干扰处理”，让像素降低，再用这个图像训练神经网络。在后续识别这些被“人为扭曲干扰”的图像时，算法的表现比人好；但是，一旦图像被“干扰处理”的方式和之前训练时所用的稍有不同（在人眼看起来扭曲方式并无不同），算法就完全无能为力了。

到底是发生了什么？即便是加入极其少量的噪点，为何还是会发生如此大的变化？

答案就是纹理。当在图像中加入噪点时，图中对象的形状不会受到影响，但是局部的结构会快速扭曲。

更有趣的是另一组实验。研究人员将一种动物的形状与另一种动物的纹理拼在一起，制作成图片，比如将一头大象的皮披在一只猪的轮廓上，或者将铁罐制作成一只小猫。他们制作几百张这种“拼接照片”，再给它们贴上“猪”“猫”的标签，用不同的算法进行测试。最终，系统给出的答案是大象、铁罐。由此更能表明，计算机确实关注的是纹理。

识别出如图1所示的这只猫，对人类来说是没有任何问题的。但一个顶尖的深度神经网络看到的是一头大象。

如图2所示的是ResNet-50（一种常用的深度神经网络）的识别结果，每幅图右侧还给出了3个其“猜测”的可能性的概率。

加拿大约克大学的计算机视觉科学家约翰·索索斯指出，“线段组按相同的方式排列，这就是纹理”。这也说明，人类与机器的“看”有明显区别。当然，随着技术的发展，算法会越来越精准，人工智能正在向人类视觉逐步靠近。

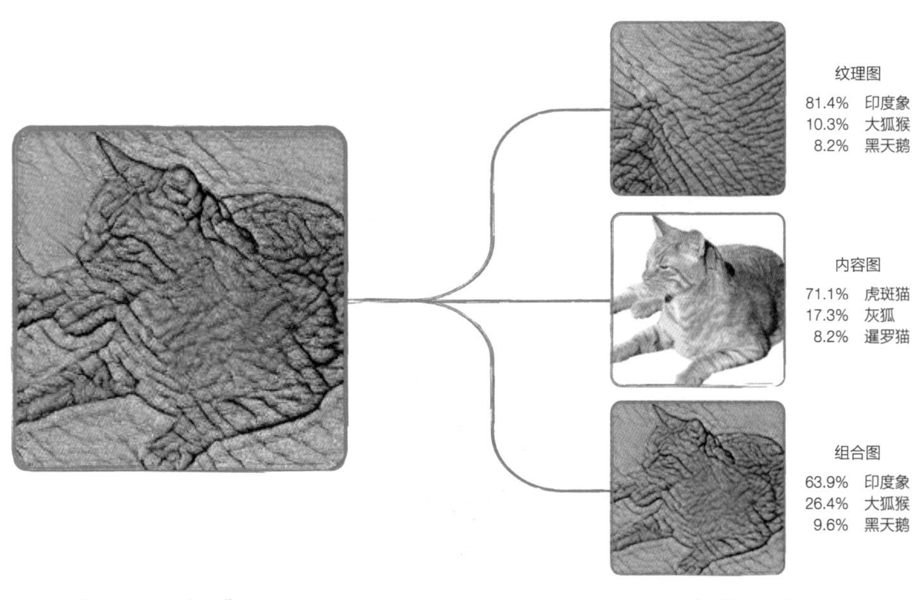

图1　“披着大象皮肤”的猫

图2　深度神经网络的识别结果

人工智能究竟是怎么去“看”的?

算法模型是人工智能的“大脑”

如果说人类通过“智慧的大脑”来认识世界，那么算法模型就是人工智能的“大脑”。人工智能的目标是创造、设计出具有高级智能的机器，其中的算法和技术部分借鉴了当下对人脑的研究成果。很多当下流行的人工智能系统使用的人工神经网络，就是模拟人脑的神经网络，建立简单模型后再按照不同的连接方式而组成的网络。

机器正是通过复杂的算法和数据来构建模型，从而获得感知和判断的能力的。这些模型跟人脑一样可以进行学习，比如学习模式识别、翻译语言、学习简单的逻辑推理，甚至创建图像或者形成新设计。

其中，模式识别是一项特别重要的功能。因为人类的“识别”依赖于自身以往的经验和知识，一旦面对数以万计的陌生面孔，就很难进行识别了。而人工智能的“撒手锏”就是处理海量数据，因为这些神经网络中包含了数百万个神经元和数十亿条的连接。

人工智能如何高度“复制”人的眼睛?

神经网络是图像处理的“得力助手”。作为计算机视觉领域核心问题之一的图像分类，即给输入图像分配标签的任务，这个过程往往与机器学习和深度学习不可分割。简单来说，神经网络是最早出现，也是最简单的一种深度学习模型。

深度学习的许多研究成果，都离不开对大脑认知原理的研究，尤其是视觉原理的研究。诺贝尔生理学医学奖获得者大卫·胡贝尔和托斯登·威塞尔发现人类视觉皮层结构是分级的。比如，人在看一只气球时，大脑的运作过程:“气球”进入视线（信号摄入）→大脑皮层上的某些细胞发现“气球”的边缘和方向（初步处理）→判定“气球”是圆形（抽象）的→确定该物体是“气球”（进一步抽象）。那么，可不可以利用人类大脑的这个特点，构建一个类似的多层神经网络：底层识别图像的初级特征，若干底层特征组成更上一层特征，最终通过多个层级的组合，在顶层做出分类?

答案当然是肯定的。这也就是深度学习系统中最重要的一个算法——卷积神经网络（CNN）的灵感来源。

CNN具有输入层、输出层和各种隐藏层。其中一些层是卷积的，它将结果经过分析，再传递给连续的层。这过程模拟了人类视觉皮层中的一些动作。

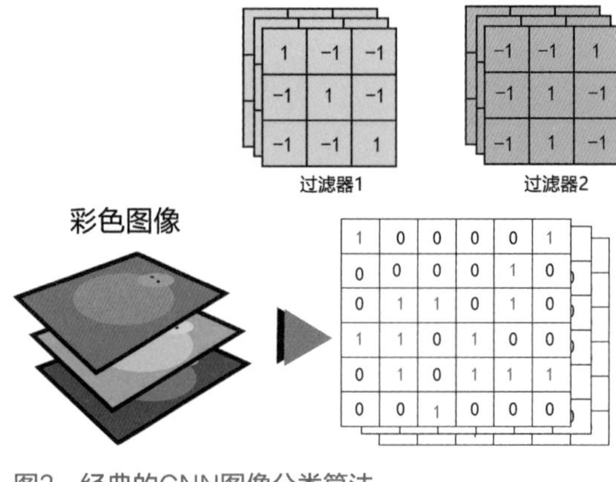

图3 经典的CNN图像分类算法

由于这种特点，CNN十分擅长处理图像。同样，视频是图像的叠加，因此CNN同样擅长处理视频内容。生活中比较常见的自动驾驶、人脸识别、美图秀秀以及视频加工等都用到了CNN。

经典的图像分类算法就是基于强大的CNN设计的。如图4所示，一只猫的图像，对计算机来说，只是一串数据，这时候，神经网络的第一层会通过特征来检测出动物的轮廓；第二层将这些轮廓组合再次检测，形成一些简单形状，例如动物的耳朵、眼睛等；第三层检测这些简单形状所构成的动物身体部位，如腿、头等；最后一层检测这些部位的组合，从而形成一只完整的猫。

由此可见，每一层神经网络都会对图像进行特征检测、分析、判断，再将结果传递给下一层神经网络。实际上，比这个案例中使用神经网络的层次深度更复杂的情况，在生活中更多。

为了更好地训练人工智能模型，就需要大量的被标记的图像数据。神经网络会学习将每个图像与标签对应、联系起来，还可以将之前未见过的图像与标签进行配对。这样，人工智能模型就能够梳理各种图像、识别图像中的元素，不再需要人工标记输入，让神经网络自我学习。

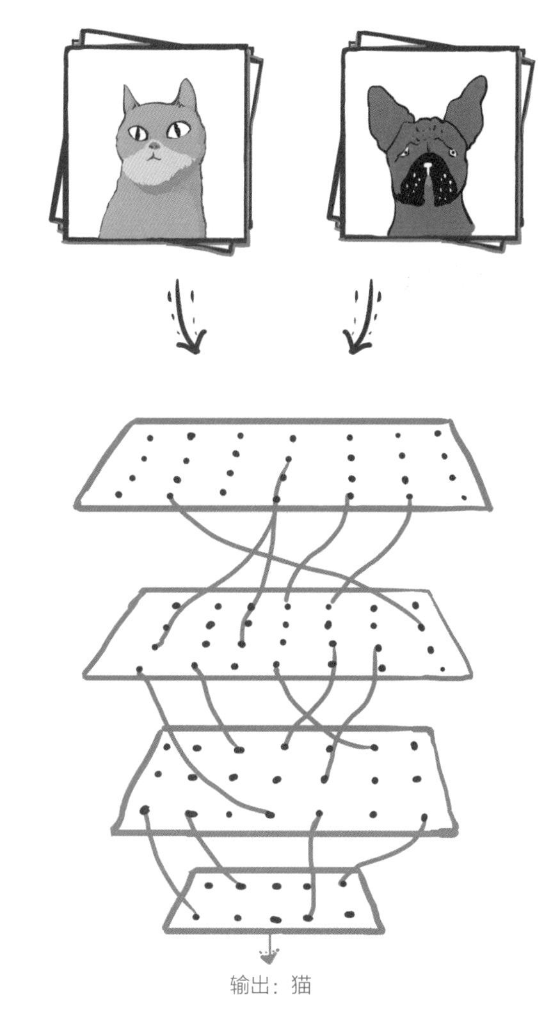

图4　基于CNN的猫狗图片识别器

计算机视觉：一门研究“看”的学问

对于人工智能模型而言，视觉感知的重要性就如同眼睛之于人类，是不言而喻的。也正是因为视觉感知对人工智能的重要性，计算机视觉成了一门重要的、研究如何使机器“看”的学科。但是，很多人容易将计算机视觉与机器视觉混淆，尽管他们有共同点，但仍有差异。

相较于机器视觉侧重于量的分析，计算机视觉主要是对质的分析，比如分类识别，这是一个苹果、那是一条狗；又比如做身份确认，包括人脸识别、车牌识别等；再比如做行为分析，包括人员入侵、徘徊、人群聚集等。

计算机视觉并不仅仅停留在浅层的感知层面，大量高级智能与视觉密不可分。如果计算机能真正理解图像中的场景，真正的智能也将不再遥远。可以说，计算机视觉本身蕴含更深远的通用智能的问题。

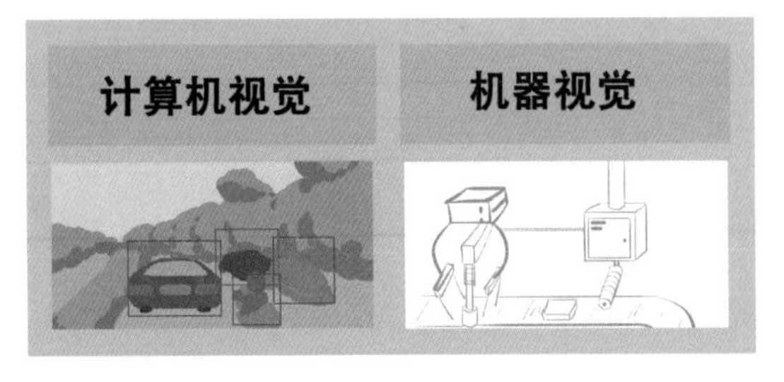

图5　计算机视觉常用于分辨事物，机器视觉常用于统计数量

随着技术的不断成熟，计算机视觉的应用场景愈加广泛，从消费者到企业，计算机视觉技术在各大领域都有着一席之地，如面向消费者市场的AR/VR、机器人、自动驾驶汽车等，面向企业市场的医疗图像分析、视频监控、房地产开发优化、广告插入等。

在这些已经落地的应用案例中，无法忽视的问题是很多项目仍处于小范围的试用阶段。相关理论的不完善使得这些先行者与创新者遇到不少挑战。如缺少可用于人工智能模型训练的大规模数据集，以及动态图像识别、实时视频分析等技术瓶颈有待突破。

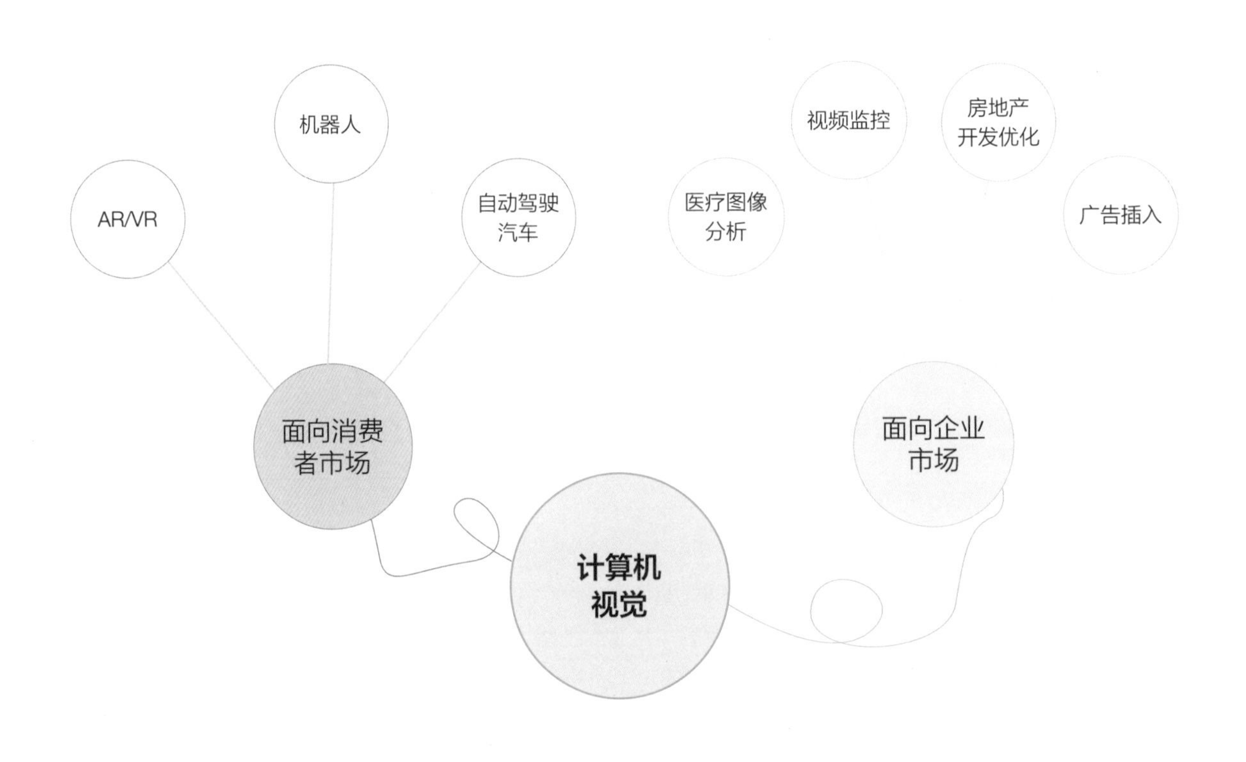

解释性、鲁棒性、安全性的提升，让人工智能更了解世界

人工智能席卷百业，作为人工智能时代的主要入口之一，计算机视觉正成为人工智能落地规模最大、应用最广的领域。

现在，对计算机视觉技术的研究在学术界与工业界已经掀起了热潮，未来，随着算法的改进、硬件的升级以及5G与物联网技术带来的高速网络与海量数据，计算机视觉技术必然会让人们拥有更大的想象空间。

遗憾的是，从目前来看，即便人们已经创造了许多在单个项目上已经超越人类的高级人工智能机器，但是这些机器仍然能力有限，它们还无法成为人类的替代品，无法像人类一样去观察与思考，有自我意识的人工智能还不会很快出现，人工智能也很难真正像人类一样去“看”世界万物。

即便如此，人们也不能否认人工智能的解释性、鲁棒性、安全性等正在不断提升，人工智能将在越来越“了解”这个丰富多彩的世界的同时，帮助我们更高效、智能地完成更多工作，人类与人工智能将一起创造更多彩、更智慧的世界。

人工智能写作与人类写作的差距有多大？

计湘婷

自然语言处理（NLP）是指计算机或机器所拥有的理解并解释人类写作、说话方式的能力。自然语言处理的目标是让计算机或机器在理解语言上像人类一样智能，最终目的是弥补人类交流（自然语言）和计算机理解（机器语言）之间的差距。以目前自然语言处理技术的发展水平来看，“智能创作”和“真人写作”之间，确实还隔着一段长长长长长……的距离。

自然语言处理技术是人工智能的核心技术，也是人工智能领域研究中最为困难的问题之一。尽管自然语言处理模型在一些任务上体现出了超越人类的能力，但在另一些任务上甚至连3岁小孩都不如。

业界达成共识的难题：人工智能创作中文长文

众所周知，“文本生成”在这几年是越来越火，从生成古诗词，到生成新闻报告，再到写作文等，主流的趋势就是从“生成规范的文本”到“生成自由的文本”，当前计算机已经能够自动完成撰写新闻快讯、根据热点组稿、写春联等类型的任务。

但由于多模态（多种感官的融合）、问答、文本摘要等细分领域仍然缺少高质量的中文数据集（甚至在一些领域的中文数据集是由英文数据集直接翻译而来），中文的文字和语言特征与主流的研究语言英语有着较大的差距（基于英语研究得到的方法未必能迁移到中文上得到很好的效果）等原因，人工智能创作中文长文成为业界达成共识的难题。

即使现在的人工智能已经能写诗、作曲，还能续写、仿写（比如人工智能“续写”名著的现象就一度火遍网络），甚至在人工智能续写的“作品”中，还出现了“林黛玉vs孙悟空”这类脑洞清奇的情节，但所以呢？让它写超过3000字的文章试试？

人工智能写作的“死穴”：抽象、推理、创意

去年，哈佛大学和谷歌的研究人员联合发布了第一张部分人脑的连接图（如图1所示）。针头大小的组织被保存下来，用重金属染色，切成5000片，并在电子显微镜下成像。这些保存下来的组织，仅占整个人类大脑的百万分之一，然而对其进行描述和记载的数据却高达1.4PB。

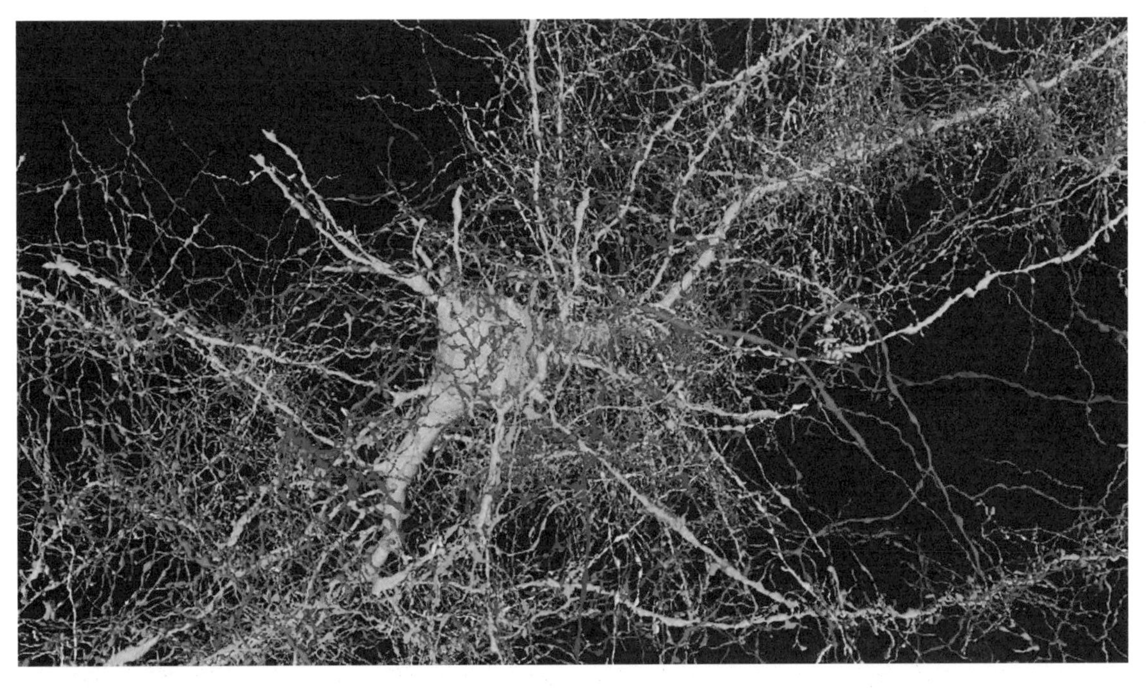

图1　人脑连接图

由此可见人脑的复杂度和人类思想的丰富程度。

由于人有很强的推理和创意能力，而人类的写作是人类思想的一种映射，所以，只要人工智能还没能进化到接近人类大脑（认知智能）的水平，那么智能写作就不可能达到真正意义上的以假乱真。

一个经典的段子是“汉语八级考试”

领导 你这是什么意思？

小明 没什么意思，意思意思。

领导　你这就不够意思了。

小明　小意思，小意思。

领导　你这人真有意思。

小明　其实也没有别的意思。

领导　那我就不好意思了。

小明　是我不好意思。

可以看出，自然语言具有非常严重的歧义性、抽象性、组合性、进化性和非规范性。

哪怕是现在的人工智能技术已经强大到让不同领域（计算机视觉、自然语言处理等）正在打通、融合，也还是做不到写出接近人类水平的长文。

不过，完成时效性新闻的报道任务是人工智能所擅长的，以人工智能自动撰写财经新闻为例，这类自动写作通常以结构化数据为输入，智能写作算法按照人类习惯的方式描述数据中蕴含的主要信息即可。

这也是为什么“人工智能写诗”会成为智能写作最早应用的领域——中文诗歌的规则性强，且释义具有“模糊性”，这些特点让机器的哪怕哪条算法逻辑有问题、出了一点什么漏洞，所输出的内容也是勉强“可解释”而无伤大雅的。

图2　百度大脑智能创作平台（图片来源：百度大脑官网）

基于深度学习的自然语言处理

回顾一下自然语言处理技术的发展，在前40年，利用的是基于符号表示的小规模专家知识，也就是通过人工去定义的规则以及语言知识库，来解决一些简单的自然语言处理问题。

而从20世纪90年代初开始，自然语言处理全面转向了基于语料库统计模型的范式。可以说，传统的文本生成，多采用基于模板的方法，因此在研究上并没有引起太多关注。到2010年左右，自然语言处理逐渐开始采用深度学习模型，使用嵌入表示来表示语义，且随着序列到序列模型的变化，人们意识到可以采用类似的方法，进行逐词的文本生成，从而产生了大量的研究和应用问题。

特别是过去这5年，对自然语言处理技术来说是一个重要的5年，其中的一个里程碑就是神经网络全面引入自然语言处理技术。从大规模的语言数据到强有力的算力，再加上深度学习，把整个自然语言处理技术带到一个新的阶段。

深度神经网络技术在智能写作技术中的集中体现是神经网络序列生成算法。这种算法能够有效利用语料中包含的统计规律，按特定要求产出符合人类语言特性的文本结果。以人工智能生成诗歌为例，在生成每一句诗歌时，关键词和上一句的信息会经过循环神经网络结构计算，所产生的结果将作为生成诗歌接下来的每一个字的依据。模型在学习过大量诗歌语料之后，能够具备概率统计意义上输出“像诗歌的字序列”的能力，这种能力即对应机器创作型智能写作，能够根据需求生成诗歌。

而随着深度学习相关技术的快速发展，越来越适合任务本身的模型被研究出来，且随着预训练语言模型的发展，更多的外部知识被加入模型中，使得模型的表征能力越来越强。

得益于深度学习强大的表征能力，以及基于深层神经网络的深度学习方法，自然语言处理技术的面貌从根本上改变了——把自然语言处理问题的定义和求解从离散的符号域搬到了连续的数值域，以致整个问题的定义和所使用的数学工具与以前完全不同，极大地促进了自然语言处理研究的发展。

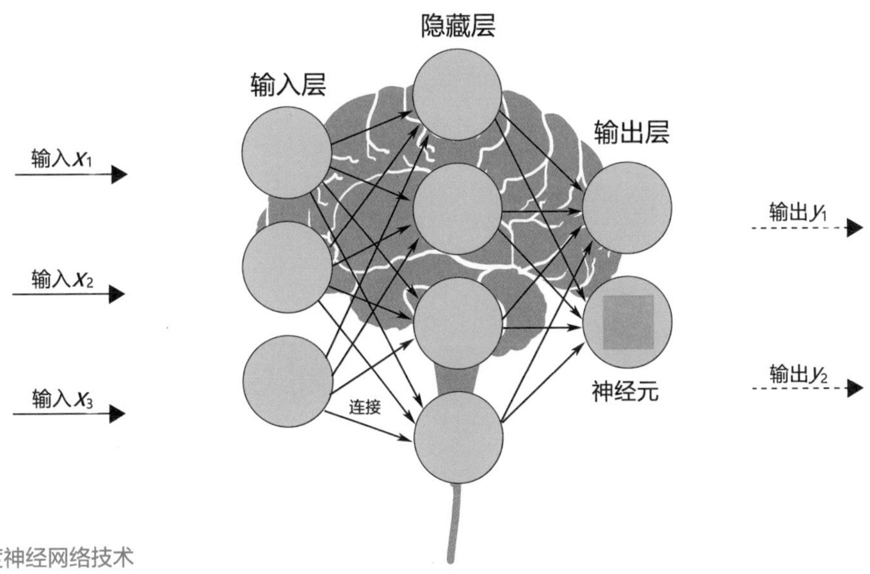

图3　深度神经网络技术

未来的趋势

由上可见，尽管深度神经网络在解决自然语言处理技术中的某一个或几个问题时，能够体现出类似于人的能力，但从整体上看，智能技术目前难以达到人脑的思维复杂度。比如，关于如何引入知识与常识，当前的智能写作通常需要人类事先准备好训练语料或写作逻辑，算法容易做到让写作结果符合语法，但很难做到让写作结果符合人类常识或特定知识。将常识或领域知识和智能写作算法深入结合，可能是提升智能写作实用性的关键。又比如，关于如何不依赖平行语料训练序列生成算法，序列生成算法在当前依然是最重要和最有潜力的模型思路，但常用的序列生成算法需要大量平行语料才能完成训练任务，这与智能写作所面对的发散性的需求并不相符。如果能够少依赖甚至不依赖平行语料完成序列生成模型训练，将极大降低智能写作算法落地实际场景的成本。

那么，未来还需要多少年，人工智能写作就可以“以假乱真”呢？时间很难估计，但至少需要在以下这几个方面实现一些进步：

Tips：平行语料，即两种或多种语言的文本互相是对方的译文，多用于翻译或者机器翻译研究；对照语料，即两种或多种语言的文本不构成互为译文关系，只是领域相同、主题相近。

1. 面向多语言、多模态、多任务的通用深度学习模型的发展（但模型是不是越复杂越好？我认为未必，解决问题是更重要的标尺）。
2. 在“表示学习”领域，对比学习的发展。
3. 数据集的发展，特别是一些热门垂直领域的自然语言处理数据集，这些数据集将加速自然语言处理研究和产业应用。
4. 解决中文命名实体识别的优化、拼音输入的优化、少数民族语言预训练、中文拼写检查、古诗情感分类等一系列极具中文特色的研究问题。

或许，自然语言处理不会沿着预训练模型一直走下去，深度学习范式也不会永恒（通往人类智慧的路径大概率不是基于现在的深度学习框架），但自然语言处理发展或许仍将遵循两个大的方向：一是如何更充分地从大规模数据中学习和挖掘有用信息（例如BERT这种预训练语言模型，就是利用大规模无标注文本数据学习一般的语言知识）；二是如何更好地将结构化知识融入相关自然语言处理模型中，也就是把基于符号表示的各种先验知识和规则，引入自然语言处理模型。

自然语言处理的研究之路一定是很光明的，它的未来或许是多模态，那就不放过任何一个可优化项，继续加油！

计算机出现前，圆周率是如何计算的？

张国强

圆周率是数学上最重要的两个常数之一，是一个无理数。圆周率的计算经历了实验阶段、几何法阶段、数学分析法阶段和计算机阶段这四个时期。早期依赖于割圆法计算圆周率精度提升很慢，随着数学分析法和计算机的出现，圆周率计算精度的竞赛呈现白热化。2022年，谷歌已经将圆周率计算到了小数点后100万亿位，一起来回顾一下圆周率计算的发展历史吧。

大家知道，圆周率是圆的周长与直径之比。神奇的是，不管这个圆多大，它的周长与直径之比都是一个常数。圆周率π与自然对数的底e是数学里最著名的两个常数。π是一个无理数，同时也是超越数，约等于3.1415926。在日常生活中，通常用3.14代表圆周率去进行近似计算。数学爱好者们也将3月14日称为π节。

人类很早就有对圆周率的记载。

古巴比伦的一块石匾（约产于公元前1900年至公元前1600年）上清楚地记载了圆周率=25/8=3.125。

同一时期的古埃及文物莱因德数学纸草书（Rhind Mathematical Papyrus）也表明圆周率等于（16/9）^{2}，约等于3.1605。埃及人

3,14159265358979323846264338327950288419716939937510582097494459230781640628620899862803482534211706798214
8086513282306647093844609550582231725359408128481117450284102701938521105559644622948954930381964428810975665
9334461284756482337867831652712019091**45648566923460348610454326648213393607260**2491412737245870066063155881
748815209209628292540917153643678**92590360011330530548820466521384146951941511**6094330572703657595919530921
861173819326117931051185480744623**799627495673518857527248912279381830119491298**3367336244065664308602139494
639522473719070217986094370277**053921717629317675238467481846766940513200056812**71452635608277857713427577896
091736371787214684409012249**5343**01465495853**710507**922796892589**235420**1995611212901960864034418159813629774771
309960518707211349999998372**978**0499510597**317328**160963185950**244594**553469083026425223082533446850352619311881
71010003137838752886587533**208**381420617177**669147**303598253490**428755**468731159562863882353787593751957781 8011
94912983367336244065664308602**1**3949463952**2473719**070217986094**370277**0539217176293176752384674818467669405132
000568127145263560827785771342757789609173**163717**872146844090**122495**34301465495853710507922796892589235420199
561121290179310511854807446237996274956735**188575**272489122793**818301**194912983367336244065664308602139494639
522473719070217986094370277053921717629317**675238**467481846766**940513**200056812714526356082778577134275778960
91736371787214684409012249534301465495853**710507**922796892589**235420**19956112129019608640344181598136297747713
09960518707211349999998372978049951059731**732816**096318595024**459455**346908302642522308253344685035261931188171
0100031378387528865875332083814206171776**691473**0359825349042**875546**873115956286388235378759375195778185778053
2171226806613001927876611195909216420198938095257201065485863278865936153381827968230301952035301852968995773622
5994138912497217752834791315155748572424541506959508295331168617278558890750983817546374649393192550604009277016
7113900984882401285836160356370766010471018194295559619894676783744944825537977472684710404753464620804668425906
9491293313677028989152104752162056966024058038150193511253382430035587640247496473263914199272604269922796782354
78163600934172164121992458631503028618297455570674983850549458858692699569092721079750930295532116534498720275596
0236480665499119881834797753566369807426542527862551818417574672890977772793800081647060016145249192173217214772
3501414419735685481613611573525521334757418494684385233239073941433345477624168625189835694855620992192221842725
5025425688767179049460165346680498862723279178608578438382796797668145410095388378636095068006422512520511739298
4896084128488626945604241965285022210661186306744278622039194945047123713786960956364371917287467764657573962413
8908658326459958133904780275900994657640789512694683983525957098258226205224894077267194782684826014769909026401
3639443745530506820349625245174939965143142980919065925093722169646151570985838741059788595977297549893016175392
846813826868386894277415599185592524595395943104997252468084598727364469584865383673622262609912460805124388439045

图1　无穷尽的圆周率

可能在更早时候就知道圆周率了。建于公元前2500年左右的胡夫金字塔的周长和高度之比恰好等于圆周率的两倍，为圆的周长与半径之比，这不应是巧合。

中国古代算书《周髀算经》（约公元前2世纪）中有“径一而周三”的记载，意即取π=3。在1500多年前，我国南北朝时期的数学家祖冲之就已经计算出圆周率约等于3.1415926。

那么，人类是怎么将圆周率计算得那么精确的呢？圆周率的计算大概经过了四个时期：实验时期、几何法时期、数学分析法时期、计算机时期。

实验时期

在古代，人们通过实验对π值进行估算。这种对π值的估算原理很简单，即用测量所得的圆的周长除以测量所得的圆的直径。但是，受限于测量的精度，凭直观推测或实物度量来计算π值所得到的结果是相当粗略的。

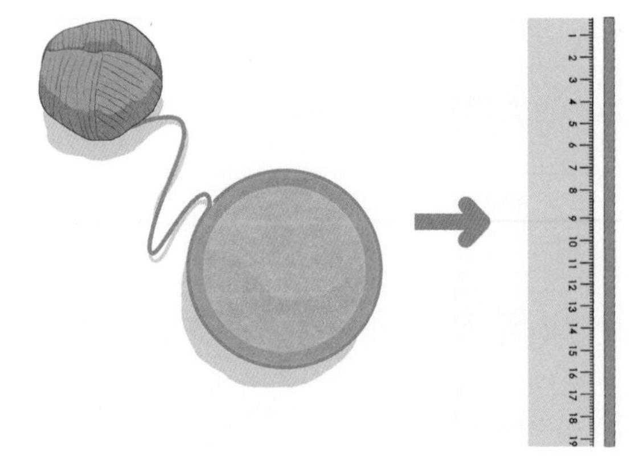

图2 用线进行计算

几何法时期

圆周率计算能够建立在科学基础上，首先应归功于古希腊数学家阿基米德（史上四大数学家之一），他开创了人类历史上通过理论计算圆周率近似值的先河。阿基米德采用的方法就是“割圆术”，即利用圆的内接和外切正多边形的周长来逼近圆的周长。自此，圆周率的计算进入了几何法时期。

比如，如果想得到圆周率的下限，那么可以从圆的内接正多边形开始。如图3a所示为圆的内接正六边形，如图3b所示则为圆的内接正十二边形。可以看到，正十二边形已经比较接近于圆了。如果我们再进一步做出圆内接正24、正48乃至正96边形，那肉眼将慢慢难以分辨所画的图形到底是正多边形还是圆。

最简单地，如图4所示，在圆的内部构造一个内接正六边形，圆的周长>$6A_1A_6$，而由于$\triangle OA_1A_6$为正三角形，所以圆的周长$2\pi r > 6r$，

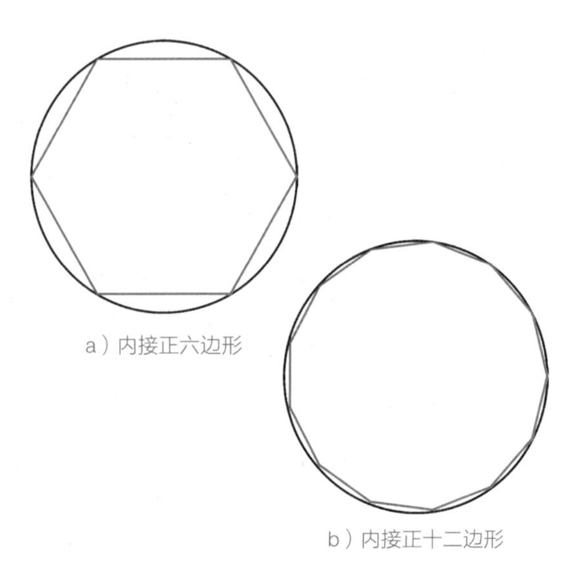

图3 圆的内接正多边形

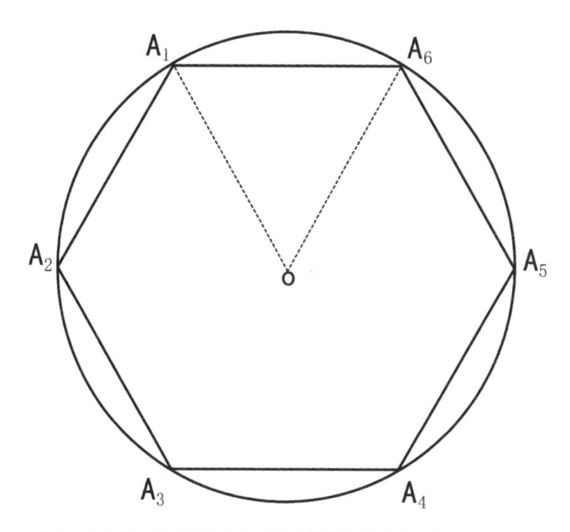

图4　用圆的内接正六边形计算圆周率下界

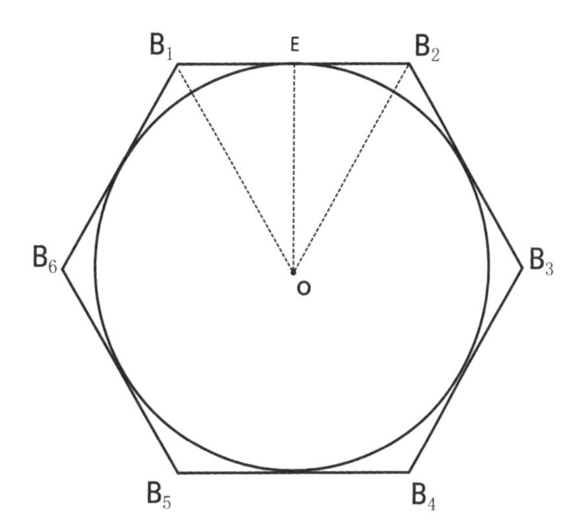

图5　用圆的外切正六边形计算圆周率的上界

故 $\pi > 3$ ，即3为圆周率的一个下界。

反之，如果用圆的外切正多边形周长来逼近圆周长，那么可以得出圆周率的上界。如图5所示，如果在圆的外部构造一个外切正六边形，则有：

$2\pi r < 6B_1B_2$ ，由于△OB_1B_2为正三角形，$B_1B_2 = \frac{2}{\sqrt{3}}r$ 。

因此 $\pi < 2\sqrt{3}$ ，即 $2\sqrt{3} \approx 3.46$ 为圆周率的一个上界。

古代的圆周率计算竞赛基本就是沿用阿基米德的方法。到公元150年左右，希腊天文学家托勒密得出π =3.1416的结果，取得了自阿基米德以来计算圆周率的最大进步。我国魏晋时期的数学家刘徽就是遵循“割之弥细，所失弥少，割之又割以至于不可割，则与圆合体而无所失矣”的思想，一直分割到了内接1536边形，得到了3.1416的结果。我国南北朝时期的数学家祖冲之首次将“圆周率”精确计算到小数点后第七位（约公元480年），即在3.1415926和3.1415927之间，这一结果领先了欧洲近千年。

图6　刘徽（左）与祖冲之（右）

1150年，印度数学家婆什迦罗计算出圆周率的值π=3927/1250=3.1416。1424年，中亚细亚地区的天文学家、数学家卡西第一次打破祖冲之的纪录，他计算了3×2^{28} = 805 306 368条边的内接与外切正多边形的周长之后，将圆周率的精度提升至小数点后17位，得出π =3.14 15926 53589 79325的结果。

16世纪的法国数学家韦达同样是利用阿基米德的方法计算圆周率的近似值，他用正6×2^{16}边形，推算出精确到9位小数的π值。17世纪初的德国人鲁道夫，用了几乎一生的时间钻研这个问题。最终，鲁道夫通过计算2^{62}边形的周长，得出π值为3.14159 26535

89793 23846 26433 83279 50288，精确到了小数点后35位。与前人不同的是，鲁道夫不是从正六边形开始并将其边数翻番的，而是从正方形开始的。成功创造了圆周率纪录的鲁道夫颇感自豪，自知身体大限将至的他当即留下遗言，让后人把这个π值铭刻在他的墓碑上。为了纪念他的这一非凡成果，在德国，圆周率π也被称为“鲁道夫数”。

但是，用几何方法求π值的计算量非常大，为了让π值的精度提高一位，数学家需要做非常多的运算。按照这样的计算方法，数学家穷极一生也无法将π值的精度提升多少。到鲁道夫这里，可以说已经达到用几何法计算圆周率的极限了。因此，想要在计算圆周率的道路上再向前推进，必须在计算方法上有所创新。

表1　几何法时期的圆周率计算历程

数学家	年份	位数（计算正确的）
古巴比伦人	约公元前2000年	1
古埃及人	约公元前2000年	1
希伯来人	约公元前550年	1
阿基米德	约公元前250年	3
托勒密	150年	4
刘徽	263年	4
祖冲之	480年	7
阿尔·卡西	1429年	14
罗马努斯	1593年	15
鲁道夫	1615年	35

数学分析法时期

17世纪时，数学分析法出现了，这一强有力的数学工具使得许多初等数学中难以解决的问题迎刃而解。π的计算历史也随之进入了一个新的阶段。数学家们发现了若干个与π有关的数学级数，如果对这些级数实施足够多次运算，就能精确计算出π值小数点后面的多位数字。牛顿用他的流数和二项式公式对π值进行了计算，只用了二项式展开式中的前9项就使π值精确到小数点后7位。显然，级数方法宣告了几何法的过时。自此，对于圆周率的计算开启了马拉松式的竞赛，纪录一个接着一个地诞生。下面是基于数学分析法人工计算π值的里程碑。

表2　数学分析法时期的圆周率计算历程

数学家	年份	位数（计算正确的）
夏普	1700年	72
马青	1706年	100
德拉尼	1717年	127
维嘉	1794年	140
卢瑟福	1824年	208
克劳森	1847年	248
卢瑟福	1853年	440
里希特	1855年	500
尚克斯	1873年	707
弗格森	1945年	620

人们常用于计算π值的几个级数如下。

格雷戈里–莱布尼茨无穷级数

1671年，格雷戈里发现：

$$\arctan x = x - \frac{x^3}{3} + \frac{x^5}{5} - \frac{x^7}{7} + \cdots$$

将x=1代入就得到了计算$\frac{\pi}{4}$的公式：

$$\frac{\pi}{4} = \sum_{k=1}^{\infty} \frac{(-1)^{k+1}}{2k-1} = 1 - \frac{1}{3} + \frac{1}{5} - \frac{1}{7} + \frac{1}{9} - \frac{1}{11} + \cdots$$

将两边乘以4，就得到了圆周率π的值。这是一个最有名和最简单的用于计算π的无穷级数。每一次迭代，结果都会更接近π的精确值。但是，这个算法的最大问题是效率比较低，为了得到小数点后两位精确度，需要迭代300次才行，而为了得到小数点后10位精确度，需要迭代500 000次！

由于上面的方法收敛速度比较慢，一种改进方法是使用下面的无穷级数，最后乘以6即可。

$$\tan^{-1}\frac{1}{\sqrt{3}}=\frac{\pi}{6}=\frac{1}{\sqrt{3}}\left(1-\frac{1}{3\times 3}+\frac{1}{5\times 3^2}-\frac{1}{7\times 3^3}+\cdots\right)$$

1706年，约翰·马青得到了下面的公式，收敛速度更快：

$$\frac{\pi}{4}=\arctan 1=4\arctan\frac{1}{5}-\arctan\frac{1}{239}$$

沃利斯公式

沃利斯公式是圆周率π的有理数极限表达式，它是第一个把无理数π/2表示成容易计算的有理数列的极限的重要公式，在理论上很有意义。这个公式在1650年就被提出，早于格雷戈里-莱布尼茨公式。著名数学家欧拉后来也发现了这个公式。

$$\frac{\pi}{2}=2\prod_{k=2}^{\infty}\frac{2k-2}{2k-1}\times\frac{2k}{2k-1}=\frac{2}{1}\times\frac{2}{3}\times\frac{4}{3}\times\frac{4}{5}\times\frac{6}{5}\times\frac{6}{7}\times\frac{8}{7}\times\cdots$$

尼拉坎特哈级数

这是可用于计算π的另一个无穷级数，非常容易理解。在该公式中，从3开始，依次交替加减以4为分子、3个连续整数乘积为分母的分数，每次迭代时，3个连续整数中的最小整数是上次迭代时3个整数中的最大整数。反复计算几次，结果与π非常接近，相比于格雷戈里-莱布尼茨公式，这个公式收敛速度更快。

$$\begin{aligned}\pi&=3+4\sum_{k=1}^{\infty}\frac{(-1)^{k+1}}{2k(2k+1)(2k+2)}\\&=3+\frac{4}{2\times 3\times 4}-\frac{4}{4\times 5\times 6}+\frac{4}{6\times 7\times 8}-\frac{4}{8\times 9\times 10}+\cdots\end{aligned}$$

值得一提的是，欧拉在研究分母是自然数的完全平方的级数和时，发现结果竟然也与π值有关，即：

$$\sum_{i=1}^{\infty}\frac{1}{i^2}=\frac{\pi^2}{6}$$

计算机时期

在计算机出现之前，计算π的难度相当大。英国人尚克斯在1873年的时候将π值计算到了707位，他自认为无人可比，并让人在他死后将这一结果也刻在他的墓碑上。悲哀的是，到了1945年，他的一位英国老乡弗格森发现：尚克斯所计算的π值从528位之后的数值就是错误的。

不过，在计算机被发明后，历史上几千年来人工计算出的圆周率都成了“小儿科”。计算机的出现使得圆周率的精度以几何级数提升。表3给出了2000年以前在计算机上计算的圆周率结果。可以看到，在人类发明的第一台计算机ENIAC上，就计算出了小数点后2037位的圆周率精度，远超人类手工计算的结果。

表3　计算机时期的圆周率计算历程

数学家	年份	所使用计算机	位数（计算正确的）
瑞特威斯纳	1949年	ENIAC	2037
尼克尔森等	1954年	NORC	3089
菲尔顿	1958年	Pegasus	10 000
热尼	1958年	IBM 704	10 000
尚克斯与伦奇	1961年	IBM 7090	100 000
吉尤与布耶	1973年	CDC 7600	1 000 000
金田康正等	1983年	Hitachi S-810	16 000 000
高斯帕	1983年	Symbolics	17 000 000
贝利	1986年	Cray-2	29 300 000
金田康正	1987年	SX-2	134 000 000
金田康正与田村义显	1989年	Hitachi S-820/80	1 073 741 799
乔纳森·波尔文、皮特·波尔文、金田康正	1994年	Hitachi S-3900/480	4 294 967 286
高桥大介与金田康正	1999年	Hitachi SR8000	206 158 430 000
金田康正等	1999年	Hitachi SR8000/MPP	1 241 100 000 000

计算机能够快速地计算圆周率，一方面得益于高精度、高效算法的发现，例如快速傅里叶变换（FFT）可以比传统的方法更快速地执行高精度的乘法；另一方面也得益于计算π值的更高效且更低复杂度的算法的发现。比如，数学家高斯帕在1985年用印度数学家拉马努金发明的公式把π值计算到了17 000 000位。

拉马努金公式

拉马努金的圆周率公式能够以非常少的迭代步数快速计算出π的近似值。这个公式看上去很古怪，但用计算机计算起来并不复杂。

$$\frac{1}{\pi}=\frac{2\sqrt{2}}{99^2}\sum_{k=0}^{\infty}\frac{(4k)!}{(k!)^4}\frac{26390k+1103}{396^{4k}}$$

1976年，尤金·萨拉明和理查德·布伦特独立发现了计算π值的低复杂度算法，它基于算术几何平均迭代以及高斯在1800年左右提出的一些思想。通过这种迭代，每一次都可以把圆周率的精度翻倍，经过25次迭代就可以得到4500万位的精度。但这种方法最大的问题是大规模傅里叶变换对内存和并行系统节点之间通信带宽的要求极高。因此，虽然基于arctan的级数展开的方法时间复杂度较高，但由于空间和通信复杂度较低，依然是不错的选择。

2019年3月14日，谷歌宣布圆周率已计算到小数点后31.4万亿位。2021年8月5日，由瑞士科研人员通过一台超级计算机耗时108天零9个小时计算出来的圆周率数值已精确到了小数点后62.8万亿位。2022年6月，谷歌云再次刷新了这一纪录，他们历时157天运算了容量为82PB的数据，把圆周率小数点后的位数计算到了100万亿位。假设我们写下这一长串数字，每个数字宽度为1厘米的话，将会绵延10亿千米，从太阳一直写到木星都不止！如果把这个最新的π印成书，每一位当作一个字，每本书按100万字计算的话，那么一共可以印1亿册书，几乎是中国国家图书馆藏书量的3倍！

现代化的办公桌上都摆放着一台计算机，大家每天使用计算机查找信息、编写文档、处理数据、浏览新闻、播放音乐和视频。但是总是能碰到各种各样的问题，例如，计算机不能正常启动、网页无法打开、遭遇不明黑客的攻击和勒索等。本篇主要介绍了计算机的基本工作原理，网络域名解析的主要过程，部分网络安全问题的缘由，以及日常热议的5G、区块链和量子计算等先进的计算技术，并对这些计算技术的发展趋势和影响进行分析。

工作篇

互联网的“心脏”是什么？

张国强

人类习惯于使用以自然语言为基础的名字，而计算习惯使用以二进制数字编码的名字。域名系统（DNS）就是为了弥合人类和计算机的不同偏好而设计的一个翻译系统，它在人类与计算机之间架起了一座桥梁。如今，DNS对于网络业务的正常运行至关重要，已然成为了“互联网的心脏”，许多网络访问出现的问题都与DNS有关。今天，就来了解一下这个互联网最核心的基础服务吧。

不知道大家在上网时有没有碰到过这种情况：**QQ还能正常聊天，但浏览器却死活打不开网站**。出现这种情况，八成是因为自己的本地域名服务器出现了故障。解决办法也很简单，临时更换一个可用的本地域名服务器的IP地址就可以了。

这里所提到的就是互联网最核心的服务之一：域名解析服务。域名系统（DNS）是如此重要，以至于有人把它称作“互联网的心脏”。这话虽然有那么一点儿言过其实，但也基本符合实际情况。

多年前，中国互联网人士一直在为DNS根服务器的零部署而担忧和努力，其原因就在于，整个互联网的生命线被控制在别人的手里。只要别人掐断了DNS服务，那对普通大众而言，上网就相当于是在黑夜里爬山。

这篇文章，就给大家用通俗的语言讲一讲DNS这个“互联网的心脏”。

计算机在它的世界里，只认得一种语言，这种语言对普通大众而言，比世界上很多种语言都要难懂，它就是二进制。

在网络世界要表示一台计算机的地址，也得用二进制。这个地址，就是人们常说的IP地址。目前广泛使用的版本是32位的IPv4，长下面这样：

10110111111010001110011110101100

二进制对普通人实在是太不友好了。因此，人们为了简化记忆，通常会把这个32位的二进制数按8位一组分为4组，然后将每8位二进制转化为一个0～255的十进制数，最后用“.”分割不同的十进制数，表示成点分十进制格式。例如，上面的二进制IP地址对应的

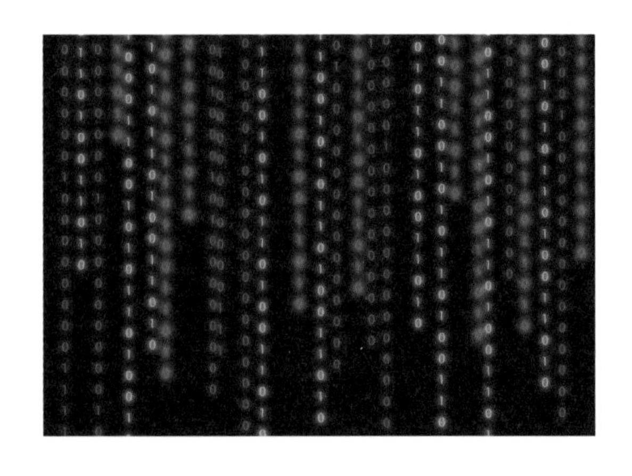

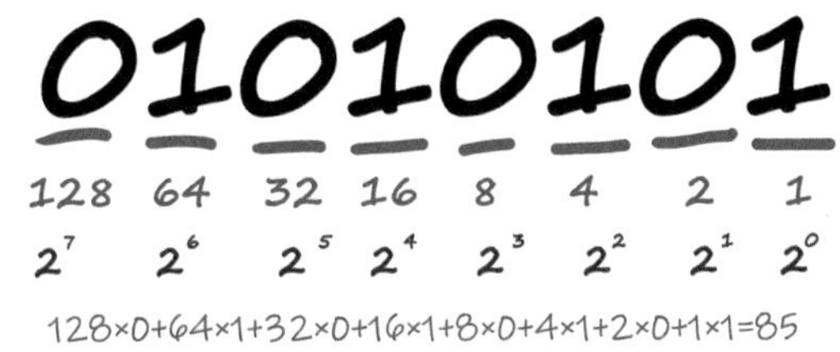

0 1 0 1 0 1 0 1

128 64 32 16 8 4 2 1

2^7 2^6 2^5 2^4 2^3 2^2 2^1 2^0

128×0+64×1+32×0+16×1+8×0+4×1+2×0+1×1=85

图1　二进制转换为十进制

点分十进制表示为183.232.231.172。

但即便是这样的十进制数，对我们来讲也不容易记住。更何况，新版的IPv6足足有128位！值得一提的是，当初搭建互联网的天才们在设计IPv4的时候，觉得32位地址绝对是绰绰有余的，40亿个可用的IP地址与当年全球总人口相当了。而且，当时全球联网的计算机屈指可数。可见，即便是科学大家，思想也往往局限于当时的环境。未来永远超乎想象！

这些数字这么难记，那怎么办？聪明的人类想出了一贯使用的解决方法：做个翻译系统。使用对我们友好的小名，比如阿猫、阿狗替代数字，然后用一张表格记录下每个计算机的小名及其对应的IP地址。比如表1中给出了3台计算机的“小名”和它们对应的IP地址。

表1　计算机的小名与IP地址

计算机小名	IP地址
阿猫	138.52.64.7
阿狗	210.32.45.5
阿黄	202.108.43.65

早期的计算机网络确实就是这么干的：把接入计算机网络的计算机的小名和其IP地址的对应关系都记录到一个文件中，让所有的计算机都下载这个文件。有了这张表格文件，想要和某台计算机通信的时候，直接查表就可以了。

这个看似解决了问题的方法，随着大量的计算机开始接入互联网，也随之出现了问题：

这个记录信息的文件变得越来越大，大量的下载和更新操作很快成了系统的瓶颈。

02

计算机比较少的时候，取名不容易冲突，可随着计算机数量的爆炸性增长，取名重复的可能性越来越大（不妨查一下：全国有多少人与自己同名同姓）。

为了解决这个问题，聪明的人类又设计了域名系统DNS。本质上来说，DNS就是个分布式的查询系统。

DNS首先解决的是取名重复的问题。这个好办，借鉴通信地址，采用层次化命名就行。打个比方，有个老外刚降落到上海浦东国际机场，想跟人打听杏花村怎么走，那是无法给他指路的，因为杏花村这个地名在全中国有好多个。比较有名的就有两个：一个是山西省汾阳市以汾酒而闻名的杏花村，还有一个是因杜牧的《清明》中的诗句“牧童遥指杏花村”而被大家熟知的杏花村（据说在安徽省池州市）。因此，为了帮助这个老外找到他想去的杏花村，我们必须要让他给出全称：中国山西省汾阳市杏花村或中国安徽省池州市杏花村。

类似地，DNS系统建立了层次化的树形命名结构，这样既方便管理，又有效地避免了重名问题。在这棵树中，最顶上的是根，用一个点表示。下面一层是顶级域名，其中，类似于“.com”“.net”“.org”“.edu”“.gov”的叫通用顶级域名，而“.cn”“.uk”这样的叫国家顶级域名，对应于国家和地区名称的官方缩写。

与中国人写通信地址的方式不太一样，域名是从左到右按照范围从小到大来写的，比如

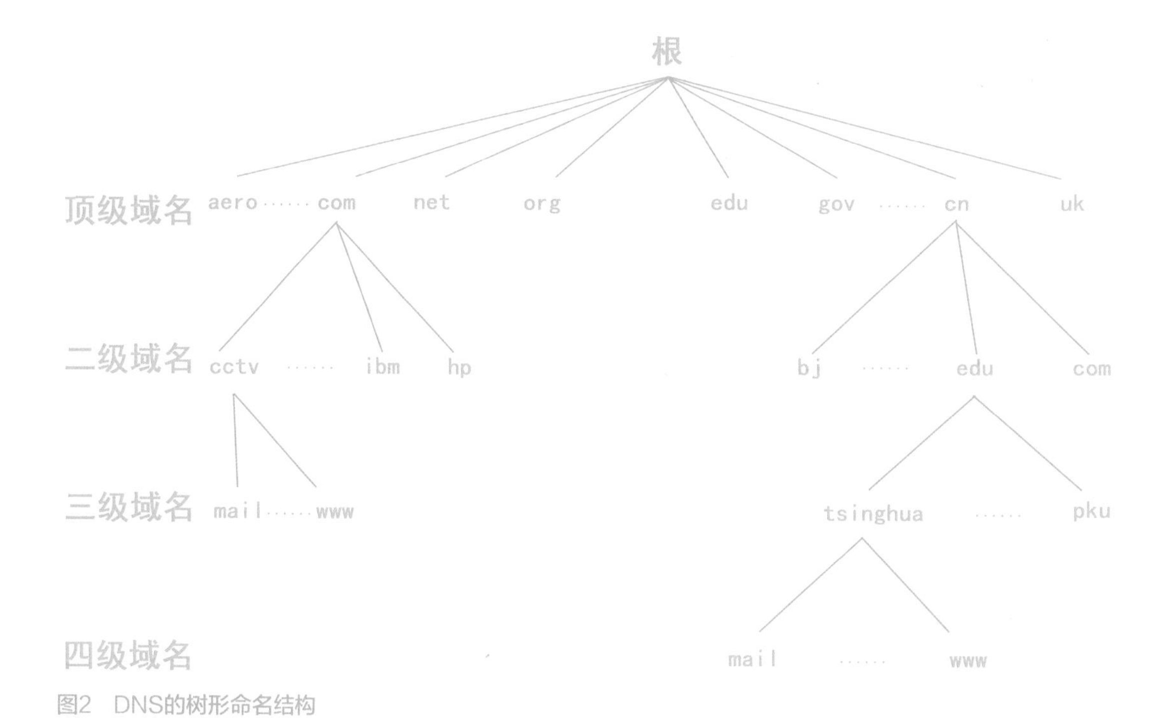

图2　DNS的树形命名结构

www.tsinghua.edu.cn。不过这好理解，因为互联网是西方发明的，这其实符合外国人写地址的习惯：从门牌号写起，最后写州名，如290W, Big Springs Road, Riverside, CA。按照这个规范，上面的两个杏花村的规范域名应该分别写成：

杏花村.汾阳.山西.中国

杏花村.池州.安徽.中国

有了命名规范，DNS下面要解决的最重要的问题就是如何避免让这个翻译过程成为系统的瓶颈。DNS给出的解决办法是"分布式的翻译"。DNS有许多的域名服务器，每个域名服务器都管上面这棵树的一部分。如果收到的查询属于自己管辖的部分，就直接返回结果；如果收到的查询不属于自己管辖的部分，就告知对方去找更合适的域名服务器查询。

比如，要查询www.baidu.com的IP地址，其过程基本如图3所示。

此外，本地域名服务器还会做点额外的工作。

本地域名服务器自言自语："嗯，我得把com兄、baidu.com兄的联系方式，还有www.baidu.com的IP地址记下来，省得总麻烦人家，欠人情太多。"

每个域名服务器到底管辖哪个区域，是事先配置设定的。有可能一台域名服务器管整个域，如图4a所示，其管辖的区就是自这个域名以下的整个子树。也有可能这个域里有人"翅膀硬了"，想自立门户自己管理自己的区。如图4b所示，y.abc.com自立门户"占了个山头"，abc.com"剿灭"不了y.abc.com，只能"招安"，授予y.abc.com自治管理权。此时，abc.com所管的区就不再是整个子树了，而是除了y.abc.com以外的部分。

采用了DNS把域名解析为IP后，还带来了一个额外的效应。由于域名是对人类友好的名字，因此，域名本身自带了品牌效应。在早年，有些人花了少许的钱注册了不少看着比较赏心悦目的域名，然后高价卖给想用某个名字

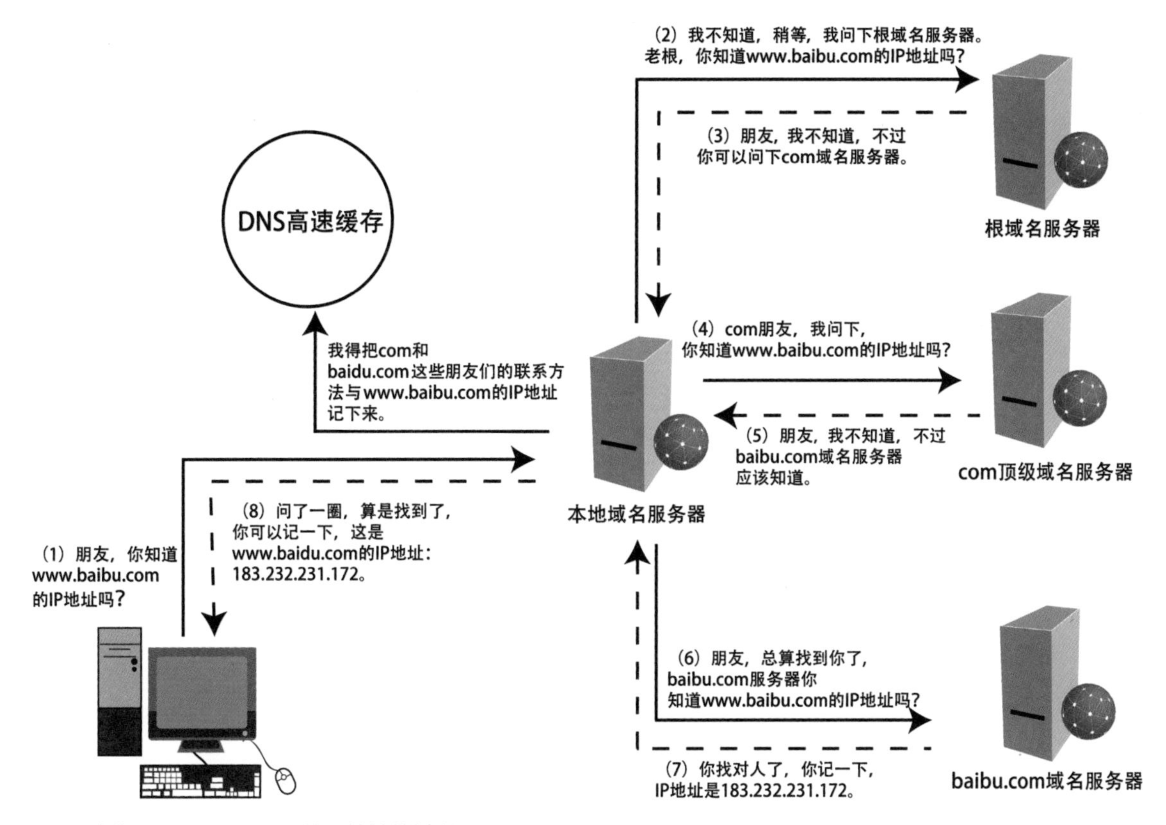

图3 查询www.baidu.com的IP地址的过程

作为品牌的企业，并因此而赚得盆满钵满。

可能会有不少人觉得中国人用英文域名还是不太直观，也不能很好地起到品牌宣传效应。别急，现在除了用英文域名，也真的可以用中文域名啦！中文域名是多语种域名（IDN）的一种，也就是说，除了使用“.cn”，还可以使用“.中国”。比如，在浏览器输入“新华网.中国”或“新华网。中国”，都能访

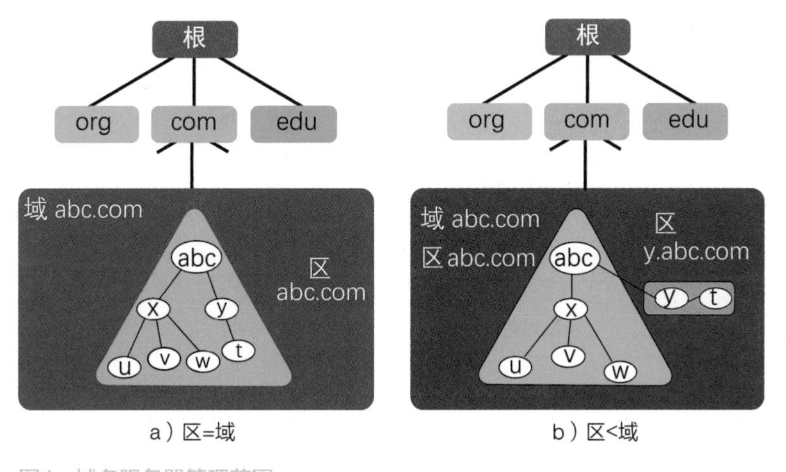

图4 域名服务器管理范围

图5　用中文域名访问新华网

问新华网的主页。

除了不用再去背难以记忆的IP地址，使用域名而不是使用IP地址直接访问一个网站的另一个好处是知名网站可以更换IP地址或提供多台服务器提供服务，但无须改变作为品牌名称的域名。实现这一点很简单，只需要在域名注册系统中更改域名与IP的对应关系即可。从用户的角度来说，一直访问的是www.baidu.com，但有可能前后两次访问的不是同一台服务器（不同的IP地址）。此外，DNS还可以提供智能的解析服务，使得不同地区和运营商的用户访问不同的服务器，如图6所示。

但是，如果仔细琢磨一下上面对于www.baidu.com的整个解析过程，细心的读者可能会发现一个问题：一旦不知道就要问根服务器，那根服务器不得累死？如果只有一台根服

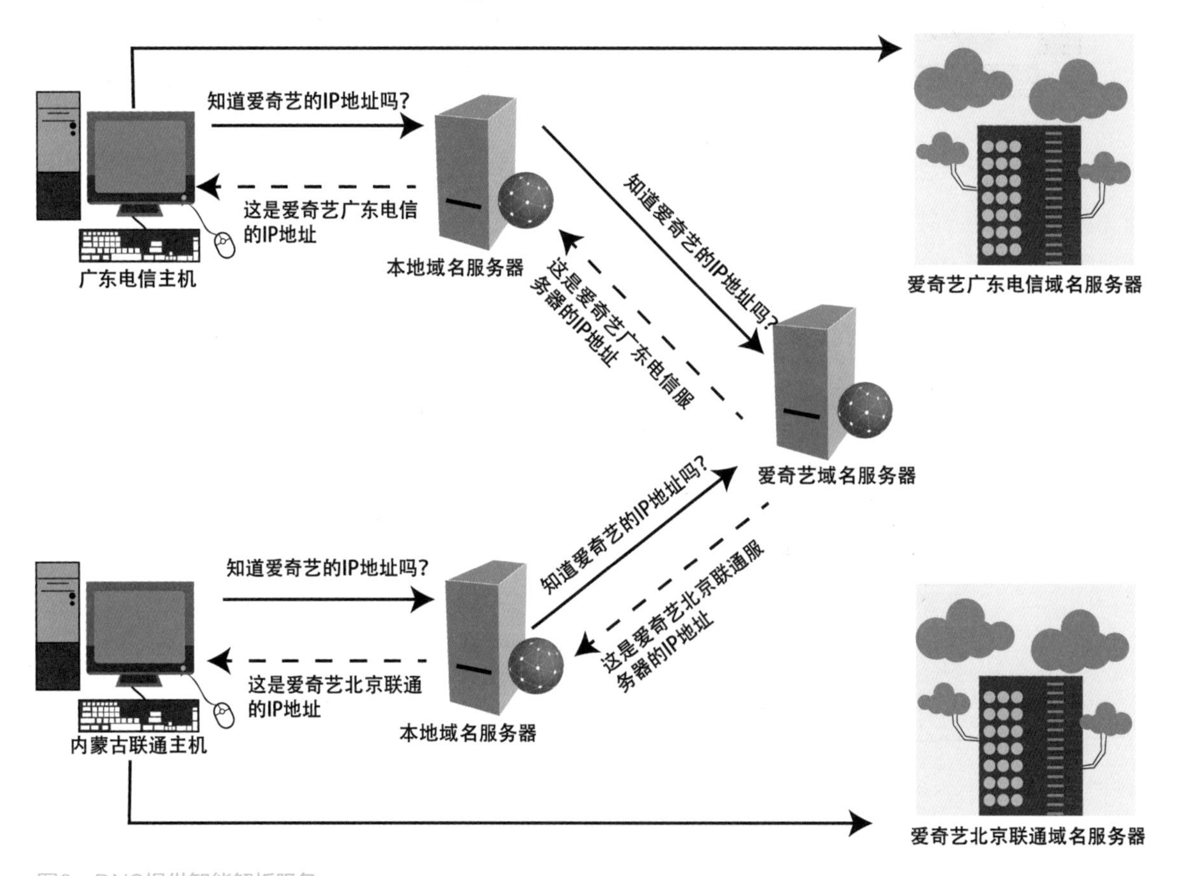

图6　DNS提供智能解析服务

务器，那根服务器确实得累死。那情景，就好比国庆节时去爬八达岭长城。好在，八达岭只有一个，但根服务器不止一个。DNS设计者们通过两种方法来解决根服务器的瓶颈问题。

其一，多克隆几个根服务器，让大家分流。逻辑上，有A、B、C、D、E、F、G、H、I、J、K、L、M这13台根服务器，由12家独立的组织或机构运营。而每一个逻辑上的根服务器都对应不止1台物理实体（可以通过任播方式部署，即这些物理实体都配置有相同的IP地址）。截至2021年10月10日，根系统总共包括1404台物理上的根域名服务器实体！

表2给出了这12家组织或机构以及它们分别管理的逻辑根服务器。

表2　12家组织或机构的逻辑根服务器

Verisign, Inc	A, J
Information Sciences Institute	B
Congent Communications	C
University of Maryland	D
NASA Ames Research Center	E
Internet Systems Consortium, Inc.	F
Defense Information Systems Agency	G
U.S. Army Research Lab	H
Netnod	I
RIPE NCC	K
ICANN	L
WIDE Project	M

通过root-servers.org网站，可以查询到所有根服务器的部署情况。如图7所示为部分根服务器的部署情况。

图7　根服务器的部署情况

其二，最大限度地利用缓存，别总是去打扰根服务器。这就好比去八达岭长城时顺带录了个全景视频，下次再想游八达岭长城，就用VR游览一下，别去人挤人了。每个DNS服务器都设置了缓存，用于缓存常用的域名服务器以及网站的IP地址，从而避免了许多对于根域名服务器的访问。

DNS这么重要，自然就有不法分子瞄准了它，希望实现自己的不良目标。可以设想一下，假如把域名和IP地址的映射关系给改了（可以通过攻击DNS域名服务器或者是DNS缓存达到目的），那是不是很可怕？比如，本来要访问银行的网站，但一个恶意攻击者把域名系统中与银行网站对应的IP地址修改为他自己架设的一台计算机的IP地址，导致访问的实际上不是银行网站，而是他的这个计算机。如果他再伪造一个与银行网站一模一样的界面，那就惨了，在页面上输入的用户名和密码就全部进了他的计算机！

好了，DNS的整体工作流程大概就是这样。当然，实际的DNS是个庞大而复杂的系统，将域名解析成IP地址只是它的众多功能之一。实际上，它的能力远不止于此，可以把DNS看成一个以层次化名字为键值的分布式数据库系统，里面可以塞入各种各样想存储和查询的信息。

计算机像人一样拥有大脑和心脏吗？

计卫星

是的，计算机不仅有像人一样的心脏，还有像人一样的大脑和五官。

人的心脏通过不断地收缩与舒张将携带氧气的新鲜血液输送到人体的各个器官，而计算机的电源则为系统的运行提供源源不断的能量。计算机的电源一旦出现问题，整个系统就不工作，就如同人的心脏停止了跳动，生命缺少了驱动力。

如果说电源是计算机的心脏，那么时钟更像是人体的神经系统，遍布计算机各个部件和角落。时钟以特定的频率在振动，按照固定时间间隔触发各个模块检查当前状态，在限定的时间内完成指定的操作，并将结果传递给其他模块。只要时钟的频率足够高，计算机里各个模块在单位时间内被触发工作的次数也就越多，通常计算的效率也会变高。如果时钟信号在系统里面传播的路径太长，过程中受到的干扰比较多，时钟信号就有可能会变得扭扭斜斜，导致系统性行动不一致，外在行为上的不协调。

普通计算机系统中的时钟信号来源于主板上的一个晶体振荡器，通常又称为晶振或石英晶体振荡器。石英晶片受力时会在相应的施力方向上产生电场。反过来，当在石英晶片上施加一个轴向电场时，晶体会产生机械形变，这就是石英晶体的压电效应。通常石英晶体会被切割为一定的形状，然后放入两个金属板之间做成一个无源晶振。对无源晶振施加交变电压，就会产生微弱但是振动频率十分稳定的交变电场。

如果产生周期性信号的晶振需要一个外部的交变电压，那这个交变电压又是怎么来的呢？这个其实是靠一个外部的振荡电路来实现的。振荡电路通常有RC振荡电路和LC振荡电路等。既然这些振荡电路可以产生信号，为什么还需要使用晶振呢？这是因为任何振荡器的主要特性都是频率稳定性，即温度、负载和电源的变化不应改变输出信号的频率。晶体振荡器不仅在频率稳定性方面表现出色，另外成本也十分低廉。把晶振放到一个特定的振荡电路中，与外部振荡电路谐振后就可以产生稳定的时钟信号。有源晶振就是将外围振荡电路和晶体一起封装到一个盒子里面构成的。除了RC振荡电路和LC振荡电路，通常使用的还有皮尔斯振荡电路。皮尔斯振荡电路包括一个放大信号的反相器、一个电阻、一个石英晶片和两个电容，如图1所示。它在开始阶段会放大电路中所有频率的噪声信号，但是利用晶片只过滤出与晶振匹配的频率的信号，这个信号再给到反相器的输入端，经过再一次放大和过滤就

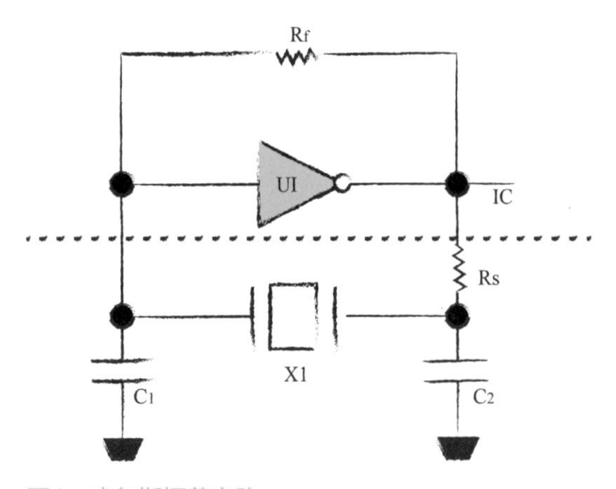

图1　皮尔斯振荡电路

变得非常稳定。皮尔斯振荡器电路简单，工作有效、稳定，比其他振荡石英晶体振荡电路有较大的优势，因此使用非常广泛。

通常石英晶体的振荡频率范围是32.768kHz～100MHz，具体的值与外围电路的配置有关。通常单片机中集成了皮尔斯振荡电路的放大器和电阻，因此只需要外接一个无源晶振和两个电容即可，如图2所示。

通常使用ppm（parts per million）来定义石英晶振的精度，ppm表示晶振的频率与标称值偏离的程度。以家庭和办公场所常见的钟表为例，假设其使用的晶振为±20ppm，那么每天产生的时间差大概是1.73s，每月的时间差接近1min，所以过几个月或者一年，就会发现钟表慢了几分钟，需要手工调校才能恢复到正常值。石英晶体遇到温度变化时会有温度漂移现象发生，其稳定性会受到影响。根据温度进行补偿以去除频率偏差是目前解决温度漂移的主要手段。

计算机中的实时时钟使用的也是±20ppm的晶振，晶振频率为32768Hz。之所以选择32768Hz是因为$32768=2^{15}$，意味着15分频之后，周期就变为1s。同样的，计算机中的实时时钟运行一段时间后也会产生时间偏差，但是操作系统一般带有时钟同步功能（如图3所示），可以从网络获取时间，并定期对实时时钟进行调整，保证时钟的准确性。

当然，现在计算机的CPU和内存等部件所需的时钟频率远高于这个电路所能产生的时钟频率，因此需要对晶振输出的频率进行倍频后再使用。芯片厂商通常在出售芯片之前对芯片进行测试，并按照测试结果对芯片进行标定（即校准）和定价。经过特定的设计，芯片也可以在负载较低时使用较低的时钟频率运行，以减少不必要的能耗开销；而当负载较大时，则可以以更高的主频运行，在较短的时间内完成计算任务。

2004年以前，人们通常以计算机的“大脑”——CPU的主频作为计算机性能的主要评价指标。商家更是以CPU主频作为相互搏

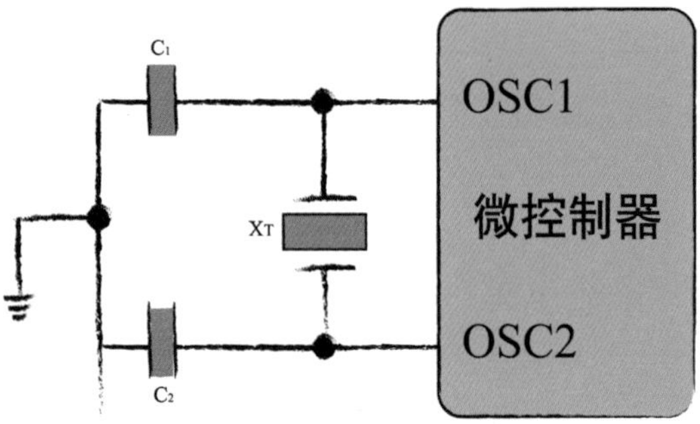

图2　单片机时钟电路

图3　时钟同步功能

杀的主要手段，推出更高主频的CPU成为竞争和推销的主要方式。这是因为芯片制造完成后主频通常不变，方便用于不同机器之间的比较。更为重要的是，主频更容易被大众所理解和接受。事实上，主频高不意味着计算机的性能就一定高，这是因为机器有可能在空转，或者干了很多活、走了很多弯路，但是对最终问题求解并不一定有帮助。另外，计算机也是一个小团队，里面包括了很多协同工作的部件，一个部件快并不一定整体就会快，其他部件的性能也可能会拖后腿。

从2004年到2005年，受生产制造工艺的限制，主频提高到4～5GHz的时候就很难再进一步提高了。于是研发人员想办法设计出了多核处理器，找到了另一个提升计算机性能的手段。这就好比一个人忙不过来了，找来一堆人一起干，虽然每个人手脚不是那么快，但是人多了量也就起来了。因此，计算机使用的核数从1个变成了2个，又从2个变成了4个。目前常见的桌面计算机里面多是配备了4～16核的CPU，商家搏杀的赛道很快从时钟主频切换到了核数。时至今日，我们购买计算机时也习惯了将“这是几核的机器”作为第一个问题，而很少关心主频是多少。

那是不是核数越多就越好？答案也是不一定的。如果没有那么多活可干，有的核就在空转；或者有很多活，但是分给了同一个处理器核，别的核就会长期“摸鱼”不干活；亦或任务分配得不均，有的核干的活比较多，耗时比较长，而有的核任务比较少，很早就干完了在等待。因此，要充分发挥好团队的作用，实现多个核协同高效地工作并不是一件简单的事情，而是在软件设计时就要考虑到的。2011年，有厂商推出了大小核结合的处理器架构，即在一个处理里面既有主频较高、计算能力较强的大核，也有主频较低、能耗开销较低的小核。系统在运行时根据负载情况动态调整大小核的使用。

人的记忆随着时间的流逝会逐渐消退，所不同的是，计算机断电之后，CPU和内存里面的东西会丢失，而存储到磁盘、光盘或硬盘等设备上的内容会长久保存。在每次计算开始时，计算机会先把计算用的数据从硬盘读到内存，再从内存读到处理器，处理完成后，再一级一级写回去。

除了电源、时钟、处理器和内存，计算机的显示器更像是人的脸庞，将计算机内心的喜怒哀乐表露无遗。在这个脸庞上也有五官，摄像头是计算机的眼睛，音箱是计算机的嘴巴，麦克风是计算机的耳朵，传感器是计算机的鼻子。除此之外，键盘和鼠标如同人的手臂，感知外部世界的输入，将人类的操作和意图传递给机器。这些部件协同工作，接受处理器的指挥，分工协同完成共同的工作。

随着技术的不断发展和进步，计算机的计算能力远超人类。例如要对一万个数进行排序，人类面对这么多的数，很容易迷失；计算机则可以按照特定的规则在很短的时间内完成计算。

目前，机器会做的事情都是人类教导的：人们通过编程把需要做的事情“翻译”成机器能够理解的语言，并写下来输入给机器，机器就会一条一条照着完成，代替人类完成特定的计算工作。目前为止，机器还没法自己产生新的知识，实现智力的自我发展。当然，如果真的到了某一天，机器也具有了真正的智能，我们真正担心的问题也许会变成“机器会不会统治这个世界”吧。

人类仿照自己，构造了一个能够与自己沟通和交互的机器，大幅提升了信息处理的效率，助力了众多领域的发展和进步，将人类世界从工业文明带入到了智能时代。然而这并不是终点，人类不仅要让机器从外貌上像人，还要让机器具有行动能力，成为行走的智能体，这样就可以代替人类干农活、进车间、下深海和上太空，在更广阔的领域发挥更大的作用。

勒索软件
——一个网络“强盗”的前生今世

翟立东　张旅阳

近年来，全国公安机关依托智慧公安赋能，持续开展“严打击、扫顽疾、净环境、保平安”专项行动，严厉打击和严密防范盗窃案件，取得了发案大幅下降、破案大幅上升的显著成效。与此同时，网络上的“强盗”却越来越聪明，打着“劫富济贫”的旗号在网络中肆意“打砸抢烧”。它们到底是谁？我们要怎么保护好自己呢？

勒索软件中的“新头目”

2021年的6月到7月，勒索软件团伙DarkSide和REvil轰动全球，DarkSide攻击了美国管道运营商Colonial Pipeline，导致美国宣布进入紧急状态；REvil入侵了IT管理软件商Kaseya，造成迄今为止最大的供应链攻击事件。在政府采取一系列措施后，这两个团伙终于低调下来，REvil相关的网站更是主动关闭运营。就在大家以为“毒王”将要终结时，2021年7月，一个新的勒索软件团伙——BlackMatter出现了。

在说BlackMatter之前，先来了解一下什么是勒索软件。

勒索软件（ransomware）是一种流行的木马，其通过骚扰、恐吓用户甚至绑架用户文件等方式，使用户数据资产或计算资源无法正常使用，并以此为条件向用户勒索钱财。这类被绑架的用户数据资产包括文档、邮件、数据库、源代码、图片、压缩文件等多种形式。赎金形式包括真实货币、比特币或其他虚拟货币。

一般来说，勒索软件的开发者还会设定一个支付时限，有时赎金数目也会随着时间的推移而上涨。但是有时，即使用户支付了赎金，最终也还是无法正常使用系统，无法还原被加密的文件，所以并不能轻易相信勒索软件开发者的“承诺”。这种简单粗暴的“盈利模式”，让勒索软件被称为网络世界的“强盗”，它打家劫舍，欺行霸市，作恶的范围也是涵盖了从

图1　勒索软件的目的

政府机关、教育机构、医疗系统到私营企业，可谓无差别打劫的典型。BlackMatter就是这类强盗中的“头子”。

BlackMatter是一个诞生于2021年7月的勒索软件“新人”。虽顶着新人名号，实际却整合了DarkSide、REvil、LockBit等老牌勒索软件的最佳功能，出道即登峰。

据最早发现BlackMatter的安全厂商Recorded Future及其新闻部门The Record的报道，BlackMatter宣称自己是Darkside和REvil的继任者，将使用这两家公司最好的工具和技术以及LockBit 2.0来实现它们留下的空白。自BlackMatter出现以来，研究人员一直在分析它，越来越多的报告发现了它与DarkSide和REvil之间的联系。

BlackMatter整合了两者的功能和强点，能够加密不同的操作系统版本和架构，包括Windows系统（通过安全模式）、Linux系统、VMWare ESXi 5+虚拟端点和网络附属存储（NAS）设备。技术人员对BlackMatter勒索软件解密器进行分析后发现，BlackMatter勒索软件组织与DarkSide使用了相同的独特加密方法，进一步证实了BlackMatter与DarkSide之间不可言说的关系。如若BlackMatter这个新人真如传言所说的，整合了DarkSide、REvil、LockBit等老牌勒索软件的最佳功能，没准将成为接下来一段时间的勒索软件中的最强“毒王”。

类似如今大多数勒索软件组织，BlackMatter在暗网上也运营着一个网站方便他们实施双重勒索——如果被勒索的企业拒绝支付赎金进行解密，他们就会在此网站上泄露入侵时窃取到的数据。BlackMatter组织在其网站上就公布过从10个组织窃取的数据，它们的目标似乎是大型和资源充足的组织，受害者来自美国、英国、加拿大、澳大利亚、印度、巴西、智利和泰国。其中一名受害者向BlackMatter支付了400万美元的赎金，以删除被盗数据并获得Windows和Linux解密器。

但与这些“前辈”不同的是，BlackMatter将攻击目标瞄准为年收入超过1亿美元、网络中有500～15 000台主机的大企业身上，并表示不会勒索医疗保健、关键基础设施（核电站、发电厂、水处理设施）、石油和天然气（管道、炼油厂）、国防、非营利组织和政府部门。看到这里，是不是觉得他们的做法还挺有底线？千万别这么想！作为勒索团伙，它们大多会紧盯财力雄厚的目标，因为这些目标可以支付数百万美元甚至更多的赎金。假以道德来进行自我标榜，用类似的言语声称保护医院、关键基础设施、非营利组织，其实只是“道德的吸血鬼”罢了。

BlackMatter是怎样进行传播的呢？BlackMatter在运行时，首先会验证当前计算机用户的权限。如果权限受到用户账户控制的限制，这个恶意软件会尝试使用计算机的一个接口来提升其权限，与之前的勒索软件DarkSide和LockBit使用的是相同的技术。在获得必要的权限后，BlackMatter会终止一些与生产力相关的进程并删除目标目录的副本。在加密开始之前，还会如前文所说的那样窃取数据，作为额外的手段来迫使受害者支付赎金。BlackMatter攻击的主要目标则是存储在本地和网络共享上的文件以及可移动媒体，而不会攻击特定的目录、文件和文件扩展名（因为这些是设备运行所必需的，BlackMatter要保证设备能够运行）。

其攻击方式非常隐蔽和迅速，仅仅在2021年9月，BlackMatter组织就发动了3次袭击，目标是日本科技巨头奥林巴斯和美国的两家农业合作社——艾奥瓦州的农民饲料和谷物合作社NEW Cooperative以及明尼苏达州的供应和谷物营销合作社Crystal Valley。

图2　BlackMatter勒索病毒还会修改桌面的背景（图片来源：网络）

图3　BlackMatter提示的解密网站（图片来源：网络）

而在2021年的11月初，BlackMatter勒索软件背后的犯罪集团突然宣布计划关闭其业务，理由是“来自地方当局的压力”。据称有一名关键团队成员被逮捕。

根据先前的经验，BlackMatter的剩余成员将来可能会重新集结并以新身份重新开始其勒索软件活动。过去关闭的其他勒索软件团伙最终也会以不同的名字重新出现，包括以Egregor的名义重新出现的Maze，以及后来演变为DoppelPaymer的Bitpaymer，现在则以Grief的身份进行活动。那么问题来了，该怎么做才能降低被黑客攻击的概率呢?

保护我方设备

首先，要养成良好的安全习惯意识，比如使用安全浏览器，降低遭遇带有木马的网站、钓鱼网站的风险；对重要的文档、数据进行定期非本地备份，一旦文件损坏或丢失，也可以及时找回；使用高强度且无规律的密码，其中要包括数字、大小写字母、符号，且长度至少为8位，以防止攻击者破解；安装具有主动防御功能的安全软件，不随意退出安全软件或关闭防护功能，对安全软件提示的各类风险行为，不要轻易采取放行操作；及时给计算机打补丁，修复漏洞，防止攻击者通过漏洞入侵系统；使用计算机时，尽量关闭不必要的端口，比如139、445、3389等，降低被攻击的风险。

其次，在上网时，减少危险的操作，比如不浏览来路不明的不良信息网站，不点击来源不明的邮件附件，不从不明网站下载软件，警惕伪装为浏览器更新或者flash更新的病毒等。

日常生活中，在使用计算机连接移动存储设备（如U盘、移动硬盘）时，应首先使用安全软件检测其安全性。

一旦不幸中招，按照如下措施操作，可以适度止损。

隔离中招主机

当确认服务器已经被感染勒索病毒后，应立即隔离被感染的主机。隔离的目的，一方面是防止感染主机的病毒自动通过连接的网络继续感染其他服务器；另一方面是防止黑客通过感染主机继续操控其他服务器。

有一类勒索病毒会利用系统漏洞或弱密码向其他主机进行传播，如WannaCry勒索病毒，一旦有一台主机感染，与其在同一网络的其他计算机也会迅速感染，每台计算机的感染时间约为1～2min。所以，如果不及时进行隔离，可能会导致整个局域网的瘫痪，造成无法估量的损失。隔离主要包括物理隔离和访问控制两种手段。

① 物理隔离

物理隔离的常用操作方法是断网和关机。断网的主要操作步骤包括拔掉网线、禁用网卡，如果是笔记本式计算机，还须关闭无线网络。

② 访问控制

a. 避免将远程桌面服务（RDP，默认端口为3389）暴露在公网上，并关闭445、139、135等不必要的端口。

b. 将服务器密码修改为高强度的复杂密码。

排查业务系统

在已经隔离被感染主机后，应对局域网内的其他机器进行排查，检查核心业务系统是否受到影响，生产线是否受到影响，并检查备份系统是否被加密等，以确定感染的范围。另外，备份系统如果是安全的，就可以避免支付赎金，顺利地恢复文件。

所以，当确认服务器已经感染勒索病毒后，并确认已经隔离被感染主机的情况下，应立即对核心业务系统和备份系统进行排查。

勒索软件攻击的目标不仅包括资金雄厚的大型企业，甚至可能包括关键信息基础设施。关键信息基础设施是国家至关重要的资产，一旦遭到破坏、丧失功能或者出现数据泄露，不仅会导致财产损失，还会严重影响经济社会的平稳运行。随着金融、能源、电力、通信等领域的基础设施对信息网络的依赖性越来越强，针对关键信息基础设施的网络攻击不断升级，且带有国家背景的高水平攻击带来的网络安全风险持续加大。

勒索软件组织所使用的攻击手法越来越多，越来越复杂，同时，伴随着很多新型的勒索软件组织出现，这些组织开始联盟，采用集团化的操作方式，共享企业的网络访问数据以及勒索病毒代码、攻击手法等。此外，新型的勒索软件不断涌现，旧的勒索软件还在不断变化，可以说勒索软件在未来几年仍然会是全球网络安全的最大威胁。

我的账号怎么会在异地登录?

翟立东　张旅阳

如今，每个人都是账户满天飞，今天为了学习需要下载这个App注册新账户，明天为了工作需要在那个网站注册新账户，很多人为了方便就会将密码设置成同样的。突然，某天手机提示“您的账户正在异地登录!”而你却满脸懵，这到底怎么回事啊？明明没有在异地操作过，到底是谁在异地登录了账号啊？

某站被黑了？黑产运行中的撞库

2018年6月13日凌晨，某视频网站发布公告称受到黑客攻击，近千万条用户数据外泄，建议在2017年7月7日之后未登录该网站的用户尽快修改密码。如果在其他网站使用同一密码，也请及时修改。泄露的用户数据包含用户ID、用户昵称、加密存储的密码等信息。

该网站表示，此次事故的根本原因在于没有把网站做得足够安全。当然，大家应该知道“没有绝对的网络安全”，且该网站在事发后，已在第一时间联合内部和外部的技术专家成立了安全专项组，排查问题并升级了系统安全等级。

既然事故已经发生了，我们就要学会反思，这次的安全问题到底出在哪里？首先，先来看一个概念：撞库。

图1　撞库后盗取账号与密码

黑客通过收集互联网上已经泄露的账号和密码信息，生成一个对应的信息库，再利用信息库中的账号和密码信息尝试批量登录其他网站，由于很多用户在不同的网站上使用的是相同的账号密码，黑客便可以利用用户在A网站上使用的账号密码尝试登录B、C、D网站，从而得到一系列可以登录的用户信息，这种操作就可以理解为撞库攻击。

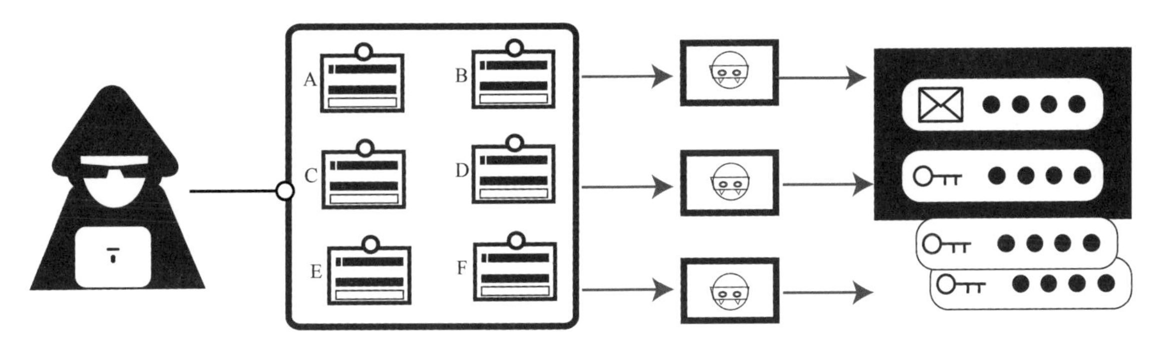

图2　黑客获取一系列账号密码

对于大多数用户而言，初次听“撞库”这两个字，可能感觉是一个很专业的名词，但是经过上述介绍，大家会发现理解起来却比较简单。不过，对于互联网安全维护人员而言，撞库是一种领先时代的攻击技术，也是最让他们无奈的攻击形式之一。当前，大数据安全相关技术可以被用来防御撞库，比如用数据资产梳理发现敏感数据、用数据库加密保护核心数据等。

不过，普通用户面对这样的专业攻击技术时，可以从哪些方面着手做好防护措施？

首先，要做的就是更改不同网站上的账户密码，避免不同网站的账户密码的重叠，而且最好采用高强度的密码，同时要关闭计算机上不必要的文件共享。当然，大部分人很难做到这一点，据第三方统计，超过60%的人依然在多个站点使用同一个密码。这就要求大家提高安全防范意识，为了保护自己的个人信息而摒弃这个习惯。

此外，每天都在使用操作系统，需要注意的就是及时安装系统和应用程序的补丁，补丁是系统和应用程序官方根据漏洞或遭遇的病毒的特征“量身定制”的“衣服”，能够有效防止流行的病毒进行入侵。

当然，大家对于防火墙肯定都不陌生，外部网络同内部网络之间也应设置防火墙。防火墙可以过滤进出网络的数据：对进出网络的访问行为进行控制或阻断；封堵某些禁止的业务；记录通过防火墙的信息内容和活动；对网络攻击进行监测和告警。设置完成计算机的防火墙，就能够禁止外部用户进入内部网络，从而阻止非法访问内部网络的行为，但是它又不会影响外部用户访问到某些指定的公开信息，这些信息对网络安全并无影响。防火墙还可以限制内部用户只能访问到某些特定的网络资源，从外而内地保障用户的网络安全。

俗话说的好：“打铁还需自身硬”，还要学会对系统自身进行脆弱性检查。系统脆弱性检查就是字面意思，对于系统是否容易被入侵进行一个检测，它的主要目的是先于入侵者发现漏洞并且及时弥补该漏洞，从而进行安全防护。大家知道，网络是动态变化的，主要表现在网络结构会不断发生变化，主机软件也会随

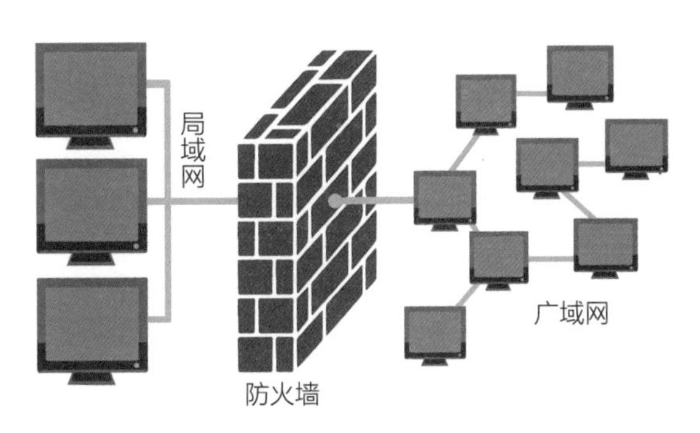

图3　防火墙对数据进行过滤

着用户的操作而不断更新以及增添。所以，必须经常利用网络漏洞扫描器对网络设备进行自动的安全漏洞检测和分析，网络漏洞扫描器扫描范围主要包括应用服务器、www服务器、邮件服务器、DNS服务器、数据库服务器、重要的文件服务器及交换机等网络设备。

那么，怎样才能做到防止计算机病毒在网络上传播、扩散呢?

首先，就需要从网络、邮件、文件服务器和用户终端4个方面来切断病毒源，才能保证整个网络免除计算机病毒的干扰，避免网络上有害信息、垃圾信息的大量产生与传播。

其次，还要定期排查计算机的使用情况，比如在内部网络环境下使用U盘、移动硬盘这些移动存储设备时，必须对它们进行检测，查看其是否携带木马等病毒，确认其安全后方可使用。对于企业来说，便是要提高网络运行的管理水平，提高员工的个人网络安全意识，只有这样才能有效地、全方位地保障网络安全。

前面提到了对于不同的网站要使用不同的用户名以及密码，如果进阶一些之后，还可以启用更多密码以外的身份验证机制。其实很多在安全性方面做得好的企业或应用程序已经在采取一些如二次验证、多因素验证之类的实践，比如苹果的二次验证、谷歌的身份验证器、支付宝的人脸识别、微信的声纹等，建议个人用户尽可能地开启类似的验证机制。安全，就是要从身边的小事做起。

黑产运行中的拖库、洗库

网站其实是一个个的应用程序，通常会带有文件上传的功能，比如我们上传自己的头像、在招聘网站上传自己的简历等。允许上传文件，就有可能存在文件上传漏洞，原因在于有些网站对上传的文件没有进行验证，或者对上传的文件检验不严格。黑客对网站进行扫描，寻找到漏洞，直接上传带有恶意代码的Webshell到网站的服务器上。大部分情况下，黑客先是上传“一句话木马”，成功连接服务器之后，再进行提升自己的权限到管理员权限等操作，所以说这些网站漏洞的危害非常大。由于通过这些漏洞能够获取一个允许操作服务器系统的权限，黑客会将需要的数据导出并缓存到自己的本地计算机上。这个过程相当于科幻电影里面的传送，当黑客确定你的位置之后，只要建一个传送门就大功告成。

这种导出大量用户数据的行为，就被称为“拖库”。获取数据后，黑客会通过一系列的技术手段和黑色产业链将有价值的用户数据变现，这通常被称作“洗库”。

每天进行大量聚集性撞库攻击的IP数量为50万个，考虑到还有相当多的攻击场景中使用了一些高级手法而没有被统计进来，每天实际参与撞库攻击的IP数量可能会达到数百万甚至数千万个。另外值得注意的是，相当一部分攻击源IP在C段上有聚集性，从我们观察到的情况来看，每天有200多个C段（共256个连续IP）中有超过200个IP实施撞库攻击。

自欧盟隐私法GDPR生效以来，世界各国监管对于数据保护极为重视，自2019年开始，对数据泄露的处罚严重程度也呈上升趋势。GDPR的第4条中提出，个人数据泄露是指“由于违反安全政策而导致传输、储存、处理中的个人数据被意外或非法损毁、丢失、更改或未经同意而被公开或访问。”

美国的健康保险携带和责任法案（HIPAA）

中有规定“以HIPAA隐私规则所不允许的方式获取、访问、使用或披露个人医疗信息，等于损害安全性或隐私。”因此，即使被非法访问的数据是加密的，但只要系统和数据受到了未经授权的攻击，就属于HIPAA所不允许的披露。被撞库的企业为受害者，每个受害者都因自身安全控制不到位而成为这雪球效应中贡献的一分子。

在生活中、工作中，可以通过一些小事来做好安全防护。

对于密码在数据库中的存储，应该优先考虑防拖库设计，对于企业来说，设置合理的登录逻辑，如每一次登录的请求密码更新为请求验证码；登录错误信息返回优化，避免明确告知错误信息；基于IP防控，对短时间内大量请求登录接口的IP进行监控告警甚至封禁。对于移动端设备，则应考虑设备指纹特征，当识别到某一账号设备指纹发生变化时，即有可能是被撞库，此时可引入更高级的身份验证方式；基于行为交互式的验证码技术，能够有效防范工具软件批量操作。

对于普通用户而言，要做的就是增强风险意识，不要在多个场合使用同一个密码，为不同的场景使用不同密码；不要长期使用固定密码，应定期进行修改；不要使用具有关联性的密码、弱密码；采用安全的密码管理工具进行个人密码管理；尽可能使用平台提供的两步认证方式登录，如短信验证码、挑战令牌等。

随着技术的发展，网络犯罪形态也在不断发生变化，个人信息在黑色产业链里可以迅速转变成金钱。网络用户一定要加强个人信息的自我保护意识，身份证号等隐私信息尽量不要随便填写，对于银行卡、电子邮箱、微信等不同账户，尽量不要设置相同或类似的密码，以免因为注册习惯的问题，给黑客利用撞库技术盗取账号留下可乘之机。

有人的地方就有江湖，有账号的地方就有撞库。密码制度本身因安全需求而生，却也带来了撞库这类的风险。相信在未来，密码会被其他体验更好、安全性更高的身份校验方式所取代，但是，这些方式或许又存在新的与隐私、合规相关的问题。最好的方案似乎永远要在安全、便利、隐私这几个因素之间不断寻找平衡。着眼于当下，用户名/密码的形式依然主导着绝大多数站点的账号管理方式，因此以撞库攻击为代表的账号安全问题依然需要引起个人用户和企业的足够重视。

从太空传来的网络，会好用吗？

翟立东　张旅阳

20年前，如果说支撑中国经济的“新基建”是公路、桥梁、铁路的话，那现在的“新基建”指的就是物联网、5G、工业互联网和卫星互联网。谈起卫星互联网，人们脑海里会浮现出两个一般属性名词，即“卫星”和“互联网”。“卫星”为大家所熟知，“互联网”更是被大家习以为常，“卫星互联网”反而会让大家犯了难？难不成要到太空去上网？

“卫星互联网”的“前世今生”

其实，对于大多数人而言，卫星互联网的概念确实还很模糊。简而言之，卫星互联网就是把“基站”搬到天上去，每一颗卫星就是一个移动的基站。它是一种新型的互联网通信方式。

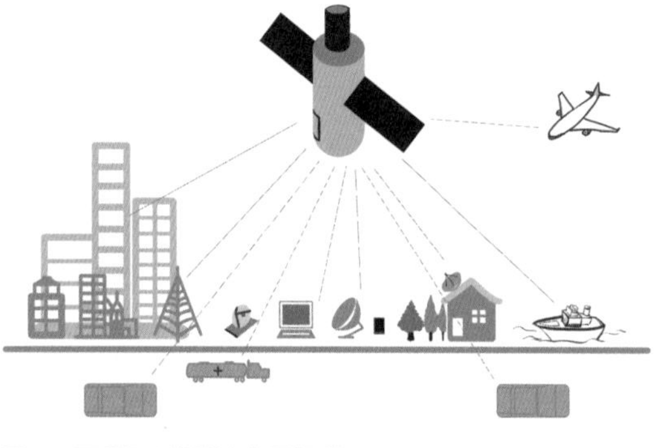

图1　卫星互联网的应用场景

说到这里，很多人就会有疑问：现在地面通信明明已经有5G这么先进的技术了，为什么还要搞卫星通信呢？

这就要从互联网的基础设施讲起了。

上网就像开车一样，没有高速路，再好的车也开不快。虽然从计算机问世开始，计算机网络就一直在发展着，但那早期的网络还是各自成段，没连成网的。直到1969年互联网的诞生，高速路和高速路之间，又用高速路连起来了！

“卫星互联网”发轫之始

互联网发展初期，最大的难题是网络之间的标准不统一，就比如高速路的宽窄修得不一样。你修6条车道，我只修4条车道，真要连上了，那多出来的2条车道怎么办？高速通过就别奢望了，并道还得发生堵车，征收拥堵费呀！

所以第一关是解决“路修一样宽”的问题，这在网络上叫作统一协议，大家约定好，都按一样的标准接入互联网。这个问题倒是不复杂，很快得到了解决，最后总算是互联了，

接下来是第二关，传统的互联网是靠铺设有线电缆实现的，电缆要么埋地下，要么铺地表，这就出现了两个问题：

地域局限

电缆得在陆地上铺，过个海、过条河什么的，成本就高了。

人为局限

在有些偏远地区要铺个电缆是很麻烦的，要么不让铺，要么条件不允许。

既然在地面发展互联网遇到麻烦了，那就挪到天上来发展。什么气球呀、无人机呀，只要能挂在天上的，并且能往下面发Wi-Fi信号的东西，都能派上用场，直到最后“鸟枪换炮”——放卫星。

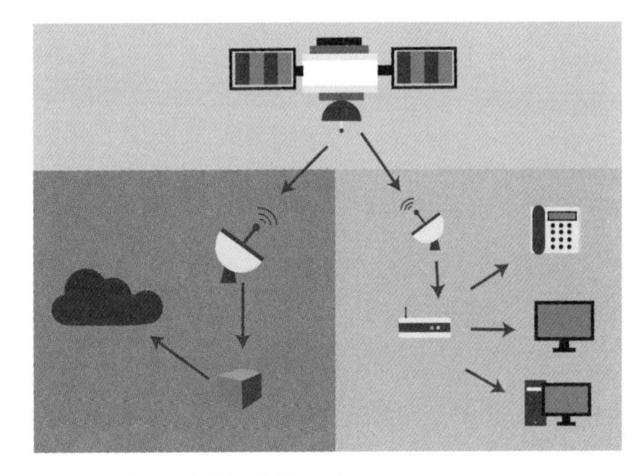

图2　卫星互联网的传输方式

目前，5G技术还是难以实现覆盖全球，现在全球仍然存在很多无网络覆盖的死角，比如一些偏远山区、沙漠、海洋等。但是，有了卫星互联网就不一样了，可以通过在太空中建立基站来实现陆地、海洋和天空的全覆盖。试想一下，如果有一天身处大漠进行探险，也能拥有和家里一样的上网速度，那将会是一种怎样的体验呢？

“卫星互联网”安全问题“祸不单行”

当然，也要清醒地认识到，卫星互联网的发展面临着巨大的技术挑战，特别是在信息安全领域，设施建设数量越多、融合程度越深，系统的安全隐患也会越大，卫星互联网被控制、瘫痪的可能性也越大。

卫星互联网集群星座非常密集，在这种通信环境下，监听者只需要一个低成本的卫星信号接收终端，就很容易能截获到卫星通信的传输信号内容，进而完成数据破解。更进一步地，监听者可以通过专业的信号分析，解析出整个卫星系统的通信编码规则，从而使整个卫星系统处于事实上的“裸奔”。

这时候有人可能会说，那“加密”不就好了吗？

没错，当前不少卫星系统的通信数据确实是加密传输的，但卫星控制指令大多是明文指令或只是进行简单的弱加密。攻击者只需伪装成合法用户，向卫星发送合法指令，就可以立即使卫星停止工作，使正常数据也无法进行传输，最终导致整个卫星互联网系统瘫痪。

其次，卫星互联网系统本质上也是一个计算机网络，基站主机上所安装的软件肯定存在各类漏洞，廉价小卫星上所搭载的功能类软件一样存在安全漏洞，所以，卫星系统一样易遭受与计算机互联网同样的网络攻击。攻击者通过各类漏洞，使用专用的入侵软件工具侵入卫星互联网系统，进而有可能控制基站主机，就可以发送伪装的合法恶意指令攻击卫星，甚至可以通过启动自毁、耗尽卫星推进剂等方式，直接毁灭卫星。

如何在新技术不断应用于空天地一体化通信系统下的各种场景的同时，保证国家重要卫星通信网络的信息安全，也将是一个要长期考虑的核心技术问题。

因此，为了保障国家卫星通信网络的信息安全，建设卫星互联网的仿真验证大科学装置已成为卫星互联网发展的必由之路。卫星互联网整体测试环境构建成本高且周期长，所以应在地面侧建立基于仿真模拟和实物相结合的大规模仿真模拟环境，包括大规模卫星星座运行、组网、多形态通信和典型卫星互联网业务场景的模拟，实现对卫星互联网全要素的地面复现。并基于仿真模拟环境，以人才培养为目标，建立面向未来太空领域网络攻防的演练环境，针对卫星互联网相关新技术开展原理和效果验证，提高卫星互联网整体防护能力。

其实单独拿出卫星来说，如果它自身安全出了问题，那就会导致“沙上建塔——全线崩塌”。

举一个例子：之前影院热映的《速度与激情9》。虽说编剧脑洞大开导致许多情节存在硬伤，甚至违背了科学原理，但里面讲到的“白羊座计划”倒是引起了我的极大兴趣。“白羊座计划”的目的是感染所有运行代码的设备。更进一步，程序如果被反派加载到卫星上，那么它就会像病毒一样传播开来，感染其他卫星，操纵地球上的武器系统也只是时间问题。

下面就会出现一个问题：“白羊座计划”的目的是感染所有运行代码的设备，为什么要大费周章地加载到卫星上去呢？

之前提到，卫星互联网通过高吞吐量的卫星或飞行器的链路实现信息联网传输，在全球范围内甚至星际间提供无缝通信和互联网服务。卫星互联网还能用来改善地面上的互联网

图3 《速度与激情9》电影海报（图片来源：网络）

的接入服务，而且利用卫星提供的互联网服务可以覆盖更多偏远地区。

反派们正是看中了这些优点，才把“白羊座计划”实施到卫星上的。当然，更主要的原因还是卫星互联网的防御机制比较薄弱，容易找到漏洞。

而地面互联网始建于1969年，在50多年的发展过程中遭遇过不计其数的网络攻击，随着攻击手法一同更新迭代的还有防御机制。现有的网络防御机制已经能抵抗大部分网络攻击，军事网络这类重要网络更是由“重兵把守”，直接入侵肯定非常困难。近年来，不少智库和军事专家都对航天系统面临的各种网络威胁发出警告，构成这些威胁的因素包括使用无法检测的远程接入软件后门程序、无保护的协议、未加密的通道等，连卫星零件都有可能是入口。

可能有人会问了：“这么夸张？连卫星里小小的零件都难逃侵害?”没错，卫星制造厂商为了节省成本，生产卫星时使用了各种由其他提供商开发的组件，而开发这些组件的技术往往是开源的，这也就给黑客带来了一系列可以利用的漏洞。

聊完这个“白羊座计划”，给大家提一个问题：是不是卫星互联网遭到破坏时，地面互联网却能高枕无忧呢？答案当然是“不可能的”！这是因为卫星互联网和地面互联网在业务上是融合的，通过攻击卫星互联网，能够反向攻击地面互联网。日常生活中的通信、导航、天气预报、地质灾害监测，哪个是离得开卫星的？

“卫星互联网”如何打响“安全保卫战”？

针对卫星互联网，该如何保护它？这就需要用到仿真。基于仿真模拟环境，就可以针对卫星互联网的相关新技术开展原理和效果验证。而且仿真模拟成本低、还可以快速迭代，目前为止绝对是个好办法。建立卫星互联网全仿真模拟环境首先在地面侧建立基于仿真模拟和实物相结合的大规模仿真模拟环境，包括大规模卫星星座运行、组网、多形态通信和典型卫星互联网业务场景的模拟，实现对卫星互联网全要素的地面复现。

另外，在卫星互联网的太空系统中应使用有效的身份验证或加密技术，防止未经授权的访问。地面操作员用来控制航天器的命令、控制和遥测功能也应具有防止通信干扰和欺骗的保护措施。

前面提到，零件会成为不法分子攻击卫星的入口，针对这种情况，就要从供应链上解决。应紧密跟踪制造的零件，从可信赖的供应商处采购零件，识别可能带来网络安全风险的危险设备。当然，政府应当参与卫星和其他太空资产的网络安全标准的发展和监管，明确责任，完善制度，形成一个全面的监管框架。

“卫星互联网”的“血泪”发展史

2015年，特斯拉CEO埃隆·马斯克提出卫星互联网项目，并提出未来甚至可以覆盖至火星。然而，有专家质疑它并不靠谱。此后，NASA（美国宇航局）计划在月球上安装Wi-Fi

网络，以帮助地球上缺乏可靠网络的社区联网，从而缩小数字鸿沟。许多国家和科技巨头在探索卫星互联网，努力通过它改善地球上的互联网状况，并且逐渐形成了关于该领域的竞争趋势。

SpaceX的“星链计划”在2019年就发射了120颗卫星，其服务范围从北美扩张至全球，星链的估值高达200亿美元。另一家商业卫星公司OneWeb发射了6颗卫星，虽然数量上没有星链多，但其威力同样巨大。截至去年，OneWeb累计融资达34亿美元，估值约为80亿美元。此后OneWeb又提出“低轨卫星互联网星座计划”，计划的第一阶段是在2022年部署648颗卫星，最终实现超过1980颗卫星覆盖全球的目标，从而构建高速低延时的网络连接。

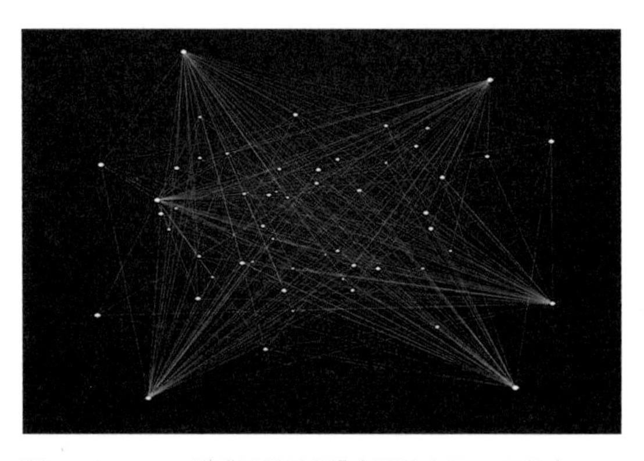

图4 SpaceX的“星链计划”（图片来源：网络）

亚马逊则建立了与高速卫星互联网相关的Kuiper项目。通过部署数千颗低地轨道卫星，实现全球范围内的宽带互联网接入服务，这对那些缺乏互联网覆盖的偏远地区尤为重要。

谷歌则计划通过热气球项目Loon，对无法接入互联网的地区提供服务。和NASA的月球Wi-Fi计划之于地球的作用类似，谷歌想要使用类似于热气球的空中网络基站，为特定区域的人们提供快速的网络连接服务。

图5 卫星互联网与人们的生活（图片来源：网络）

探索太空对人类的生存和发展有着巨大的意义。

人类当前的文明是建立在石油、煤炭等一次性化石能源的基础之上的，即使是如核裂变这类高阶技术，其燃料也是储量有限的一次性能源。即使放弃工业文明，退回农耕文明时代，土壤中的肥力也会逐渐流失，最终盐碱化、沙漠化。哪怕是人类的后代完全放弃文明，以动物本能生存，可太阳寿命一旦耗尽，地球也无法独自美丽。

因此人类不能只将眼光局限于地球，而是需要未雨绸缪，为人类的未来做打算。更重要的是，探索太空也能对眼下人类的生活质量起到提升作用。说不定有朝一日，人们真的能在太空上网！

5G网络将会怎样改变世界？

崔原豪

“信息随心至，万物触手及”，这是5G的愿景，随着技术的发展和不断的迭代更新，一步步变为现实。国际电信联盟ITU正式确认的5G的三大应用场景，分别是eMBB、uRLLC和mMTC。

eMBB（Enhance Mobile Broadband），中文译为增强型移动宽带。这里的移动宽带指的就是我们日常用到的手机流量上网服务，而增强则是大大提升网速，从4G的6Mbit/s大幅增加至1Gbit/s（1024Mbit/s），会极大缩短用户观看高清视频、下载大文件时的等待时间。

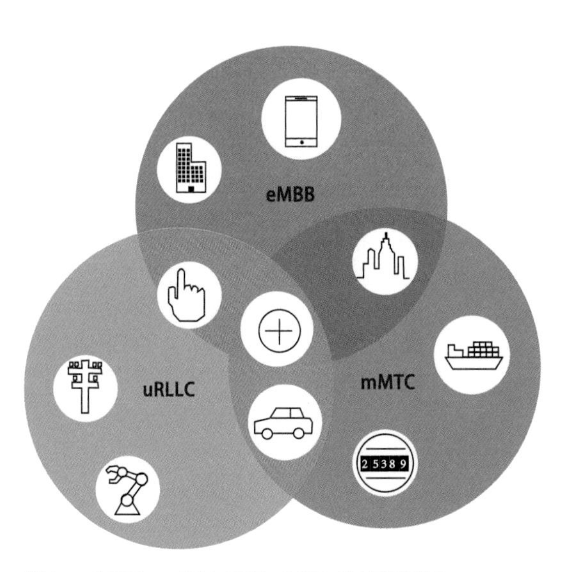

图1　eMBB、uRLLC和mMTC的应用场景

uRLLC（Ultra Reliable & Low Latency Communication），意为低时延、高可靠通信。相比面向手机用户的eMBB，uRLLC主要针对无人驾驶和智慧工业等需要低延时和高可靠性的新场景。相比4G的20ms延时，5G的延时将低至0.5ms（1s = 1000ms）。这意味着无人驾驶、工业互联网等应用将逐步成为现实。

mMTC（Massive Machine Type Communication），意为海量物联网通信。如果说4G主要针对人与人间的通信，则5G将使得机器与机器间的大规模通信成为可能。因为许多物联网场景中，在单位面积内存在大量的终端设备，例如一个小区里，所有住户家中的水电气表加起来总数庞大，4G难以应对如此大规模的通信。而mMTC能提供4G无法达到的海量接入能力，且功耗更低。

5G时代伊始，具备“高速率、大容量、低时延、高可靠”等特点的5G网络，将会带来哪些新的应用，又将怎样改变世界呢？不妨随着一位未来工厂的技术工程师小林的脚步，一起看看5G赋能的未来生活。

早上，家中的智能设备监测到小林起床，此时，窗帘自动拉开、音箱自动播放背景音乐、热水器自动打开、面包机也准备好了早餐，各个家居设备的联动，是5G赋能物联网“万物互联”的应用。在5G时代，智能家居赋予家居日常生活满满的科技感。其实，智能家居目前已经初露头角，简单的家居设备，比如智能电视、智能马桶、智能灯等，均在智能家居的范畴内。而5G的普及，将大大丰富智能家居的应用，语音控制、智能对话、深度学习等都将在智能家居的平台上集中部署。相比于目前通常仍需要人为地、独立地控制家居设备的情况，未来家居期待实现对居住者生活习惯、日常活动的主动感知，实现各个设备的智能联动。比如“小林起床”这一项活动，是由摄像头、红外感知、Wi-Fi感知等多个感知设备协同做出的判断，这一判断也是建立在对小林长期的生活习惯的数据采集、智能分析的基础上的。在确认小林起床后，智能家居的集成平台会将执行命令下发到各个家居设施，实现智能灯光控制、电器控制、窗帘控制、安防系统控制等。由此可见，5G网络将为智能家居的应用提供全方位的信息交互功能，家庭居住环境的安全性、便利性、舒适性将得到大大提高。

图2　智能家居

起床后，小林并没有拿起手机，而是拿起一副“眼镜”，这副“眼镜”的“镜片”是一块屏幕，同时，“眼镜”中内置了相机、音响、运动传感器等设备。此时，小林眼前自动浮现了昨天的新闻头条，从他的视角来看，这些文字内容好像飘浮在空中，因此小林能够一边在现实世界中洗漱，一边浏览虚拟世界中推送的新闻。这种真实世界信息和虚拟世界信息无缝融合的技术，被称为增强现实，也就是AR。与传统的屏幕显示不同，传统的屏幕显示内容和现实内容以屏幕边缘为界，是完全分隔的，而AR实现了虚拟信息内容在真实世界中的无缝叠加，通过仿真和渲染处理，原本在真实世界的空间范围中比较难以进行体验的实体信息能够在真实世界中显示应用，在同一个画面以及空间中同时存在，提供超越现实的感官体验。目前，AR已经实现了简单的应用案例，比如在部分旅游景区、博物馆等场景下，游客可以通过手机摄像头识别文物，进而，就可以看到手机屏幕上浮现的文物简介，文字介绍和摄像头采集的文物图片在手机屏幕上实现了无缝融合，甚至可以让文物“动起来”，展示文物的更多形态，带给人们更好的浏览体验。

除手机端的AR应用外，AR头显离人们也并不遥远，相信将在5G时代得到广泛的应用。当前，AR头显或AR眼镜的大部分功能是在设备上完成的，图像或其他数据作为应用的一部分提前下载到设备上，精准定位也通常在本地完成，为了支持丰富的功能，AR设备依然比较重，使用体验感较差。未来，为了使消费者佩戴的AR头显更轻、价格更低，大部分算力将转移至云端。即使是连接智能手机的AR头显也有必要转向云化应用模式，以确保AR设备的续航时间不会打折扣。比如，全局地图数据、全局用户信息就非常适合在云端部署；而局部地图数据、3D场景的渲染适合边缘计算部署。因此，传输速率、时延等将成为影响AR服务体验的关键网络指标，高带宽、低延时的5G网络将在端边云紧密结合的AR中发挥重要作用。

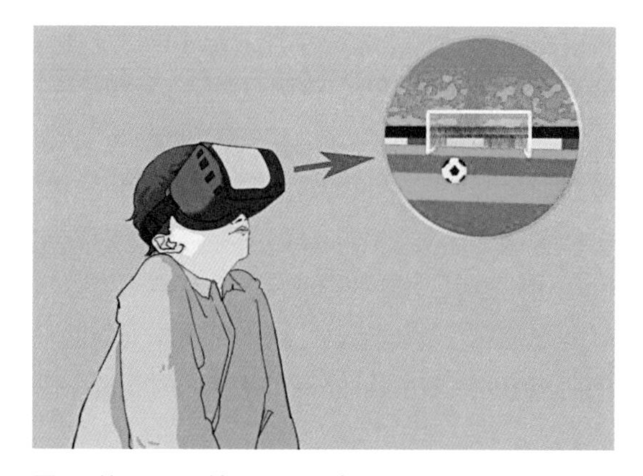

图3 使用VR眼镜观看足球赛

上午，小林在沙发上，拿起VR眼镜，观看一场球赛，此时，身边的家居环境消失，转换成一片足球场，小林身处观众席，眼前是激烈的球赛，耳边是球迷的呼喊，这种沉浸式的体验，是虚拟现实，也就是VR技术带来的。可以想象，相比于平面的二维视频，这样三维的全景视频需要更大的数据量，这都需要高速率、大容量的5G网络提供支撑。看到这里，读者不免疑惑，AR和VR有何区别呢？其实，VR是一种完全沉浸式的技术，用户看到的都是虚拟环境。这使得VR本身不具备强移动性——用户需要确保所处环境的安全，从而在非常有限的距离内移动，以避免撞到墙壁等物体或摔倒。而AR是将数字对象和信息叠加在现实世界之上，因此AR对用户的切实价值主要体现在移动场景。例如，当用户身处陌生环境时，AR可以帮助用户获得更多周边环境信息，用户还可依靠AR导航指引前往目的地。而VR可以显示更多虚拟环境的信息，使用户沉浸在完全虚拟的环境中，获得全感官的体验。VR的呈现效果堪比现实，这意味着每分每秒要传输更多的数据信息，这是4G难以支撑的。随着5G部署落地，如今的VR技术已经在游戏和仿真等领域有了成功的应用，未来将会应用在更多领域，例如在远程医疗中，VR为专家会诊提供更丰富的交流方式；在线上教育中，VR会提供比视频会议更好的学习环境。作为新兴技术，除去实时计算等硬件方面的困难外，5G将在数据传输方面给予很大帮助，让虚拟变得更加真实。

突然，小林家中的虚拟车间发出预警，提示车间里的流水线将在5分钟后停工。这里的车间，并不是指真实世界中布满机械设备的车间，而是现实车间的虚拟化，是按照真实世界车间建模的、运行在云端的“数字孪生”车间。通过大量的数据运算，模拟车间的运行流程，同时可以对记录过去的生产过程，模拟现在的运行情况，对未来产量进行预测，并对未来事故发出预警。小林发现预警后，进入虚拟工厂，拿起操控手柄，走到已被精确定位的事故发生位置，将脱落的部件安装好，此时，真实世界车间中的机械臂，也以极低的时延，精确地完成了和小林一样的操作。数字孪生平台也给出反馈，一切恢复正常。由此可见，数字孪生平台利用虚拟化的数字系统，可以快速、经济、高效地计划、执行、监视和配置制造过程。可以说，数字孪生网络创建了适用于个性化生产的一整套系统，从设计到回收，几乎完整虚拟表示了整个生产链中各个流程和流程的状态。而数字孪生的发展，离不开5G技术的支持。首先，数字孪生体的基础必然是海量终端的双向互联、数据采集和操作控制；其次，数字孪生体的重要作用是将虚拟世界中模拟、仿真输出的结果和控制指令反馈传输到物理终端加以控制，其中，时效性和可靠性保障是基础；另外，如何去有效洞察和控制数字孪生体这一虚拟世界的人机交互方面，VR、AR和图像识别等技术将成为重要的手段，且同样需要网络大带宽传输的支持。更重要的是，利用5G技术，数字孪生可以实现数据高效率的双向传输。一个方向传输到实际加工场景中进行加工过程干涉，另外一个方向传输到数字孪生体系统中，使得数字孪生体实现更为精准的过程预测。在此过程中，可以实现用户在过程中的交互。通过5G进行通信的可实现性和高带宽，可以实现更好的AR内容质量以及与机器的人机交互性。

图4　操作“数字孪生”车间

而这丰富的技术和应用场景，似乎都可以被纳入“元宇宙”的范畴中。作为当下科技领域最热门的话题之一，目前业界对元宇宙的定义还不明确，可以确定的是，元宇宙整合了多种新技术，形成虚实相融的互联网应用和社会形态。而这些新技术中，无线通信技术是必不可少的，5G技术也将赋予元宇宙强大的技术支撑。比如，元宇宙要求高同步、低延迟，从而用户可以获得实时、流畅的完美体验，而现实和虚拟世界之间的镜像或孪生通过通信网络实现同步，这一要素也正是5G的重要特点。或许，在不久的未来，人们可以实现随时随地摆脱时空限制，随时随地进入元宇宙的愿景。就像故事中的小林，可以在家中身临现场观看球赛，也可以身处家中的车间操作设备；可以与球场上的球员球迷互动，也可以与车间中的设备进行交互。时而身处现实生活，时而进入虚拟世界。而元宇宙的应用绝不仅于此，小林的故事将只是元宇宙丰富应用的冰山一角。而站在5G浪头的我们，也仅仅是身处当下，对未来世界做出有限的畅想。当然，新技术的发展必然伴随着质疑的声音，目前“元宇宙”仍是看似虚拟的概念，未来真的会实现吗？笔者认为，大可不必对新兴技术发展到何种程度、是否与预期相符有太多执念，无论发展到何种水平，技术的发展都必然带来生活方式的变革。

其实，在如今看来充满科技感的生活，距离我们并不遥远。随着5G的发展和与各行各业的深度融合应用，一场技术和生活方式的变革也在悄然拉开序幕。

那么多人掌握我的交易记录，反而更安全吗？

崔原豪

随着科技的发展，许多行为方式都在进行数字化转型，数字化办公、数字化购物等屡见不鲜。而区块链技术的提出和发展，也定义了数字化信任的新形式。以区块链为基础的数字化信任，具有去中心化、不可篡改等特点。

可以说，去中心化是数字化信任的核心。那么，什么是去中心化的信任呢？试想一个交易的场景。通常的交易原则是一手交钱，一手交货。有时候，交易双方为了防止对方抵赖，会选择一个信任的第三方作为见证者，记录和见证这一过程。在数字时代，交易双方往往相隔千里，那该如何建立信任呢？以淘宝交易为例，支付宝就担任了见证者的角色。买家首先将钱打入支付宝，卖家发货且买家确认收货后，支付宝再打款给卖家。此时，支付宝就作为信任的中心，每天见证着无数笔交易。在这种情况下，数字交易双方对彼此的信任，都基于对支付宝的信任。而此时，做个大胆的假设，如果支付宝“独占”了这笔款项，或者支付宝中的记录被恶意篡改，或是用户丧失了对支付宝的信任，那么交易的信任便会崩塌。

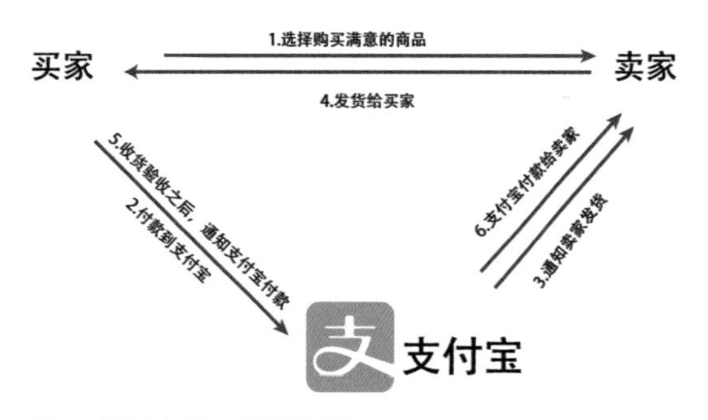

图1　通过支付宝进行交易

而在去中心化的网络下，并没有类似支付宝这样的角色来对交易做记录。每个用户在进行交易时，都会告诉其他所有用户，自己进行了交易。此时，所有用户都会在自己的账本上记录下这笔交易。形象来说，区块链中的所有用户就像一个社区的居民，可以利用区块链技术，在虚拟空间中搭建起一个公告牌。由于区块链具有公开透明、无法更改的特性，公告栏上所有内容都是无法改变的，会没有保留地展示给区块链中的所有用户。每当两个用户间完成一笔交易，就会有写明交易详情的告示登记在公告栏中。接下来，所有用户都会把这则告示抄在小本上带回家，即每个用户的账本上会记录所有用户的交易信息，每个用户也都知道彼此手里有多少钱。这就是分布式的区块链系统，区别于过去中心化架构将数据存储在中心节点，区块链中的数据向所有人公开，因而不需要银行、支付宝等的可信第三方进行担保。

图2 分布式账本

从上述的比较中可以看出，区块链的去中心化大大降低了信任的成本。区块链中所有用户都是见证者，而交易信息会记录在区块上，区块链中的数据由大家共同维护。当不同用户记录的数据产生分歧，区块链会采用一种所有人都同意的共识机制，保证交易信息的一致性。基于加密算法、数字签名等密码技术，区块链能让陌生用户彼此互信，让所有数据公开透明、难以篡改。

可以期待，在未来，区块链技术可能会对世界范围内的金融格局产生冲击，从根本上解决不同机构间的数据互通问题以及陌生人间进行金融交易所面临的互信问题。区块链提供了无第三方公证下，陌生用户间在交易中心建立信任的新机制。凭借去中心化、不可篡改、可溯源等优势，确保了区块链系统本身和记录数据的可信度，从而大幅弱化传统方式中用户交易时对可信第三方的依赖。实际上，区块链构建的交易模式中，所有数据都记录在每个用户的存储设备中，不再局限于中心服务器。而区块链向所有用户展示的数据并非原文，而是经过哈希加密后的一串唯一的代码，因此不用担心隐私数据被篡改或泄露。

值得注意的是，区块链的账本几乎是不可篡改的，在这种情况下，交易方几乎是无法抵赖的，因为51%以上的账本中记录着真实的交易情况。同时，由于区块链的数据特性，想修改账本上的一条记录，就需要修改这条以及这条记录后的所有记录，然后还得按照同样的方式修改51%以上的用户的账本。因此，区

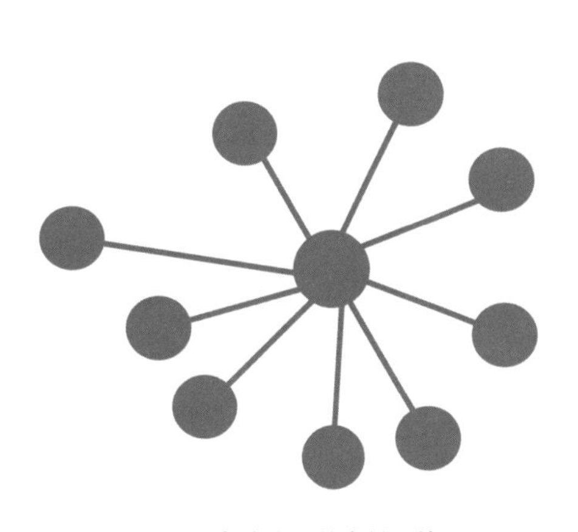

a）中心化的支付系统

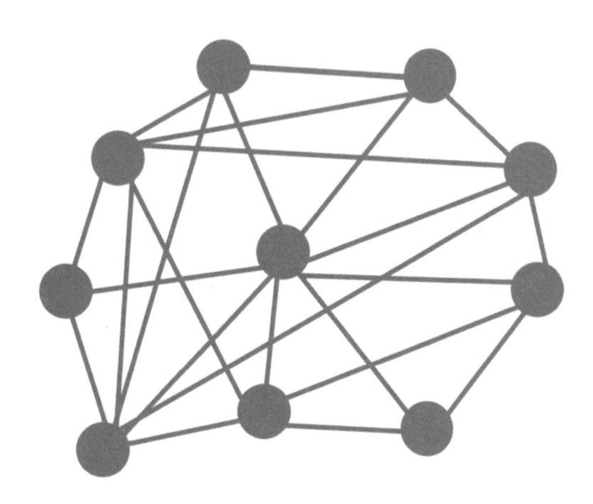

b）去中心化的支付系统

图3 中心化（左）与去中心化（右）的支付系统

块链几乎是不可修改的。与之相比，中心化信任模式下的篡改成本低得多，因为篡改方只需要攻击数量有限的中心节点即可。另外，在中心化的网络中，一旦中心节点遭到攻击，整个系统都会被破坏，而去中心化的系统中，并没有权威节点可攻击，一个节点被攻破并不会影响其他节点，攻击成本极大，系统安全性大大提高。

总结来说，区块链可以理解为一个开放共享的、公共记账的技术方案，所有交易过程都是公开的。需要指出的是，这里的开放并不意味着隐患，这是因为记录的信息通过密码学技术进行加密了。

可以设想，假如未来普遍使用区块链技术，数字化的信任将对多个领域产生革命性的影响。在日常生活中，如果人们的诸多证明文件、身份和财产信息都记录在区块链的存储空间中，以区块的形式存在于线上，就非常便捷了。例如，我们不需要在各种权威机构开具证明材料，不需要因为关键证件的丢失而经历烦琐的补办和证明程序，也不用东奔西跑到各个部门盖诸多公章。区块链就能让不同主体间实现互信，因为所有数据都存储在不可篡改的区块链上，在个人需要提供授权的时候，区块链中所有参与记录的设备，都能为我们提供证明。

在消费购物的领域，区块链可以助力特色产品的溯源。比如一些特色农产品，产自特定地域，产品的质量、口碑或其他特色往往取决于该产地的自然因素和人文因素。类似的产品往往是当地的标签和“名片”，在市场上知名度高，具有较高的品牌价值，在消费者群体中认可度高。但知名度往往也会引来造假者，因此需要通过一个安全、稳定的溯源系统，对特色产品进行溯源、溯真。传统的溯源系统往往由某一个企业建设，数据存储在中心化的系统中，系统维护商可以随时修改溯源数据，数据公信力差。然而，通过区块链技术，可以保证产品原产地保真溯源，从田间地头到农产品初加工，再到消费者，可全程记录产品的来龙去脉，可实现农产品原产地监控、产品异常召回，通过区块链保证溯源信息的真实性，出现问题时可精准追责。购买者通过区块链溯源，可实时看到农产品的生长、加工、运输环节的管理和质量检测过程。而在消费零售行业中，消费者和商家通过区块链可以直接进行交易，

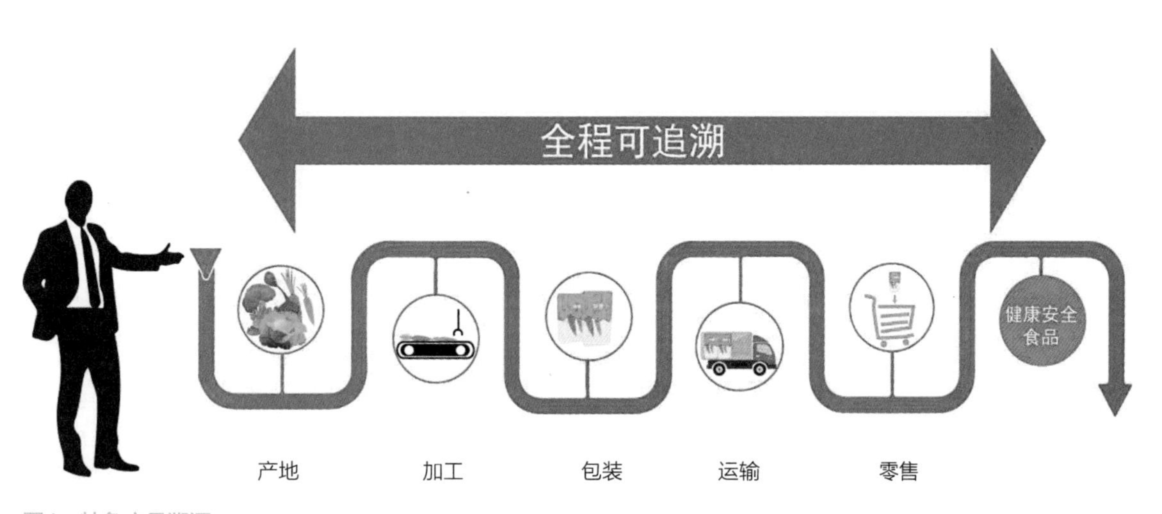

图4　特色产品溯源

取消中间环节。例如在基于区块链的新能源交易中，只需基于区块链重新设计业务流程，消费者和商家可以直接进行交易，区块链为交易和结算场景提供可信的数据流转，而不再需要电网统一售电。实际上，传统的交易模式并不稳定，常见问题包括：销售方往往缺少对供应方的信任，容易因供需不平衡导致价格失衡；交易信息包含大量的个人隐私，容易出现泄露等风险。在房屋出租时，也可以通过区块链大大简化手续，方便交付，不需要中介，直接通过租赁者和出租者的许可即可，更加安全可靠，免去了不必要的纠纷。

类似地，在版权保护领域，数字化信任同样具有极大的发展潜力。在互联网时代，信息获取和分享的途径增加，盗版资源屡禁不止，打击盗版非常困难。当人们开始重视版权保护时，却发现缺乏十分可靠的办法，尤其是经过多重的分享后，版权的溯源和保护环节更是无能为力。比如，在传统的版权保护过程中，版权确权过程往往比较困难。而使用区块链技术，因为所有相关数据都能在区块链记录中查询到，甚至可以详细到盗版资源的传播路径，通过交易记录，准确找到是哪些不法分子通过盗版的行为获利。在未来，创作者可以公开在区块链上发表作品，系统将自动记录其著作权，每当有人希望使用该作品，就将自动为他人的原创作品支付使用费用，而不再需要出售等复杂环节。区块链技术可以保护创作者的合法权益，鼓励更多人创作优秀的作品。

在金融领域，区块链建立的分布式账本和数字化信任，有助于增强金融信用，重构金融基础设施，在跨境支付、联合信贷、数字票据等方面有着广泛的应用场景。例如，在数字票据方面，利用区块链所提供的不可篡改的分布式账本，数字票据的每笔交易都有时间戳且全网记录，一旦交易确认，将无法抵赖，从而建立起票据流通的分布式的数字化信任体系。在供应链金融方面，利用区块链建立分布式账本，构建核心企业、上下游企业和银行间的数字化信任，实现供应链上下游资产的数字化和标准化，能有效解决供应链金融存在的信息不对称和不诚信的问题，促进供应链金融的自动合规运行。

在实体经济领域，区块链建立的数字化信任体系，将降低交易成本，提高合作效率，加速实体企业间信息、资金、物资的流动。例如，区块链技术具有多方可信协作的优势，通过分布式共享数据库，能让制造业的各方在各个环节参与产品制造的全过程，也能建立起产品战略联盟的各方高度信任，在多方协同设计制造、数据共享、供应链管理等方面可以发挥重要作用。一是企业之间在技术资源、市场资源等关键资源上进行共享，实现跨地区、跨系统、跨组织的连接；二是供应链全链条的优化协同，贯通从原材料/设备供应到产品交付销售的全流程；三是不同行业之间进一步合作融通，实现行业级的互惠发展。在企业协同过程中，面临大量的第三方人员访问和第三方系统连接企业内部资源的需求。

可以畅想，有了区块链的帮助，在数字化信任的未来，交易双方可以更加专注于交易本身，不受第三方限制。拓展到更多的生活场景，或许也可以更多地关心参与者本身的体验，更关注于每个独立的“个体”本身，而聚焦于某个中心化的节点。当然，关注于个体并不等同于个体间的分离与隔阂，也不等同于可以按照个人意愿随意完成各项活动，相反，数字化的信任可以将每个个体更加紧密地结合在一起，每个人都是活动的参与者与见证者，事件的运行也会更加符合规则与规范。尽管目前市场上已经出现了不少区块链相关的项目，区块链技术仍然方兴未艾，数字化信任也仅仅初露头角，区块链仍具有极大的发展潜力，也将在来来对各行各业带来新的变革。

量子计算机会代替传统计算机吗?

计卫星

量子计算机在信息表示和并行处理等方面具有超越经典计算机的潜力，也是目前有希望在某些问题的求解上超越经典计算机的计算方式之一。在不久的将来，量子计算技术会进一步发展和成熟，在特定的领域实现计算性能的大幅提升，但是由于量子计算设备的特殊性，量子计算机会成为一种加速设备与经典计算机共存，发挥各自的优势，共同为计算技术的进步做出更大的贡献。

随着计算机设计与制造技术的不断升级与发展，如今计算机的性能与20世纪相比已经实现了巨大的提升。计算工具的改进也促使信息技术与其他行业不断深度融合，极大地提升了人类社会的生产效率和沟通效率。然而人类探索未知世界的脚步从未停止，认知的范围不断向着微观世界和宏观世界拓展。当人们把目光投向浩瀚无边的宇宙，亦或聚焦在一个个微观粒子，所研究对象的数量发生了极大变化，相互作用更加复杂，相应地也对计算能力提出了更大的挑战。

另外，信息社会生产和收集数据的方式发生了变化。原来少数人生产数据、大部分人消费数据的模式已不复存在，现在每个人既是数据的生产者，也是数据的消费者。报纸、广播和电视等原有的信息传播方式已经在网络和新媒体的冲击下逐渐淡出了历史的舞台。新的数据生产和收集方式也使数据规模呈现出爆炸式增长。以天文学为例，各种新的观测设备的出现让天文领域迎来了信息爆炸的时代，天文领域的数据正在以TB量级甚至PB量级的速度快速增长。例如，斯隆数字巡天项目启动后，几十天内收集到的数据比天文学历史上收集的全部数据还要多。数据规模的不断增长驱动了人们对信息处理能力进一步提升的需求。

虽然现有的计算机计算性能相比过去有了大幅的提升，但是在凝聚态物理、量子化学、药物制造、基因测序等应用上仍显得力不从心，目前仍然存在很多算不了、算时超长的问题。除了构造像“天河”和“神威·太湖之光”这样的超级计算机之外，科学家还在不断探索新的计算方式，让原来不能求解的问题变得可以求解，让原来计算比较慢的问题可以加速计算。量子计算就是大家正在探索的道路之一，也是目前最有希望能够在某些问题求解上超越经典计算机的方式之一。

量子是能量和物质的不可再分的最小单元，例如光量子。量子力学主要研究基本粒子的结构、性质和相互作用，而量子信息技术则利用量子叠加和量子纠缠等特性，通过对微观粒子及其量子态进行调控和观测完成信息的传递和处理。这其中包括量子通信和量子计算

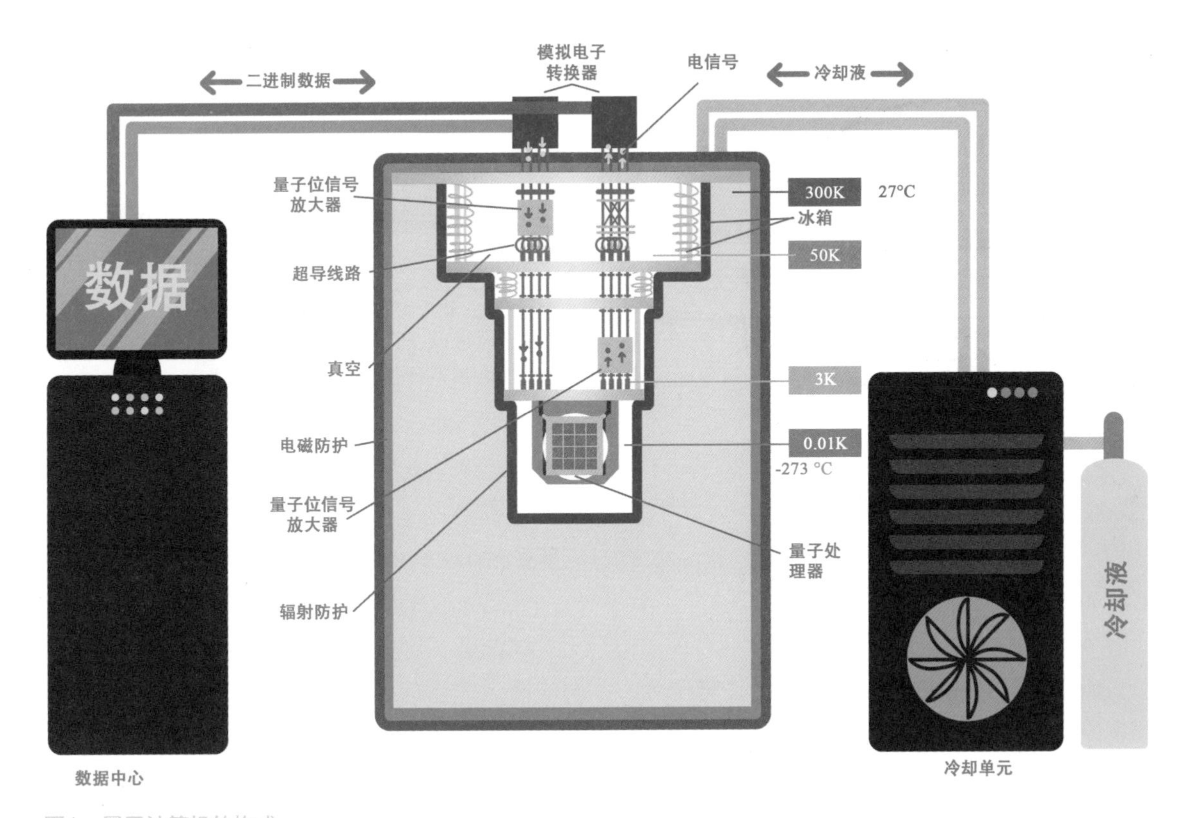

图1　量子计算机的构成

等领域。经典数字计算机使用高低电平表示0和1，并通过0和1的组合表示更丰富的信息。每个存储信息的基本单元同一时刻只能是0或者1，电子计算机不接受0和1之间的状态。例如，可以用一个16位的0和1的串表示每个汉字，这样就可以表示2^{16}=65536个不同的汉字。然而在量子世界，微观粒子通常以不同的概率处于不同的能级或者状态，一个光子可能处于两个偏振态的相干叠加态，或是处于两个分离光束的量子叠加态。即基本粒子的某个时刻的状态可以看作以不同的概率处于不同状态相干叠加的效果，因此，每个量子比特就能比传统计算机中的高低电平表示更加丰富的信息，对单个量子的操控可以同时实现对多个状态的改变。这也是为什么说量子计算的信息表示能力和处理能力远超经典计算，有望成为算力提升的新突破口。目前量子计算机已经支持50到100个量子比特的计算，最近几年的目标是提升到1000个量子比特。虽然单个量子比特可以表示更多的信息，但是当去测量时，单个量子叠加态会坍缩为0或者1。比量子态叠加更神奇的是量子纠缠，即两个相关的量子比特，对其中一个进行改变时，另一个也会随着改变，即使我们将其分开十几千米也有同样的效果。目前虽然无法解释这一现象，但是众多的物理实验证明量子纠缠是存在的，并且成功应用到了通信领域。

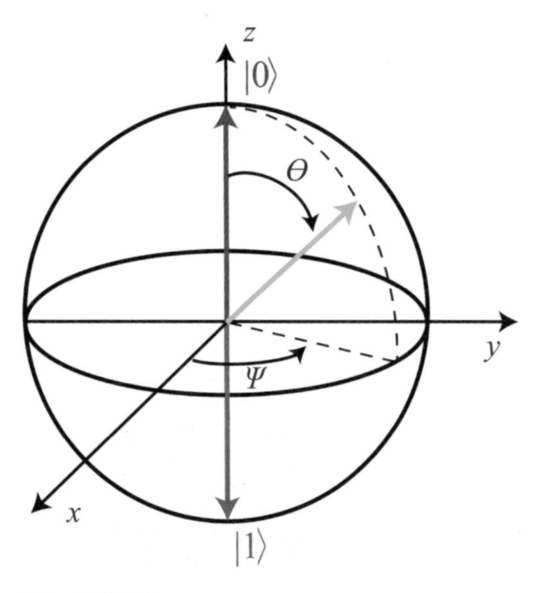

图2　量子比特

传统计算技术的计算能力不足是量子计算发展的重要驱动因素。由于使用经典计算机难以有效模拟量子系统的演化，诺贝尔物理学奖获得者理查德·费曼首次提出了量子计算机的概念，并表示使用量子计算机能够对量子系统的演化进行有效模拟。早在1982年，科学家就意识到利用量子力学的特性能够构造出远超经典计算机性能的计算设备。最早的量子计算机模型也在随后几年诞生并掀起了量子计算机研究的热潮，但是那时并没有实际的应用能够证明量子计算的威力。直到1994年，科学家彼得·肖尔提出基于大数质因子分解量子算法，引起广泛关注，才让更多的人相信量子计算机有超越经典计算机的能力。而且一旦造出了真正可用的量子计算机，将对已有的密码体系造成极大的冲击。此后不久的1997年，另外一个叫格罗弗的科学家又提出了另外一个关于无序数据库搜索的量子加速算法，进一步印证了量子计算机的可用性和有用性。虽然这些算法的设计只是基于量子计算机模型，当时并没有实际系统可以运行和验证，但是这些算法的提出让人们看到了量子计算的希望，由此掀起了新一轮量子计算研究的热潮，推动量子计算机在物理设计、算法设计、程序语言设计等各个方向上的快速发展和进步。2000年，科学家提出实现量子计算的5个条件，为量子计算机的设计和实现指明了方向，这其中包括量子计算机的规模扩展问题，传统计算方式与量子计算方式之间的转换，量子计算机稳定运行，量子计算机的普适计算能力以及量子计算末态的测量。目前正处在量子计算技术飞速发展的阶段，量子系统可以操控的量子位达到了50量子比特以上，已经进入了有噪声中等规模量子时代。

如果说20世纪90年代以前是量子计算机的理论探索时期，那么20世纪90年代则是量子算法的研究时期。然后到了21世纪，随着科技企业积极布局，量子计算进入了技术验证和原理样机研制的阶段。究竟谁能制造出实际可用的量子计算机，抢占量子计算的滩头，实现计算能力的大规模提升，成为信息技术领域普遍关注的问题。IBM、谷歌、微软、阿里巴巴、百度等公司都投入了大量的资源提前布局，量子计算技术的突破随着科技巨头介入而提速。2011年，美国加州理工学院的理论物理学家约翰·普瑞斯基尔在一次演讲中提出了“量子霸权”（或称量子优越性）的概念，衡量一个国家或者一个机构是否实现“量子霸权”的标准是它是否能使用量子计算机比使用经典计算机更好地解决一个特定的计算问题，亦即量子计算装置的计算能力在某个问题的求解上超越所有经典计算机。实现量子霸权是量子计算发展重要的里程碑。在过去的几年中，各个科技巨头纷纷宣称实现了“量子霸权”。尽管大家仍然存在争议，但在竞争中，相关技术也不断得到进步和发展。2019年，谷歌建造了含有53个超导量子比特的芯片，完成了随机电路取样的实验；中国科学技术大学与多个单位设计并实现了76个光子的高斯玻色采样实验，用不同的路径实现了量子优越性。

量子计算机主要利用量子态叠加和量子纠缠等特性实现信息的表示和系统状态的演化转换。一个完整的量子计算系统不仅需要量子设备，还需要量子算法及其对应的程序实现。这就如同传统计算机不仅需要CPU和内存的设备，还需要操作系统、数据库、应用软件等。

量子计算机的物理实现技术主要包括离子阱、超导、光量子等。离子阱通过激光技术将量子制备到基态，并能保持较长时间的相干性，此外，该技术可以实现高保真的量子态操控和探测，因此被普遍认为是实现量子计算机的候选方案之一。超导量子计算中的超导量子比特是基于现有的半导体加工工艺制备的，相对容易实现将多个量子比特耦合在一起。最初超导量子比特相干时间非常短，保真度也不高，如今量子相干时间和超导电路量子逻辑门保真度已经得到了提升。光量子计算是用线性光学元件操控光量子比特的量子计算技术，通常包括路径量子比特和偏振量子比特两种技术。光量子计算的优势是相干时间长、单光子操控容易且精度高等，但是其面临的主要问题是多个光子的相干操控，以及如何实现量子纠缠等。

设备的制造是一方面，软件及其生态环境的培育同样非常重要。为了利用量子计算机进行计算，首先需要将输入数据从经典表示方式转换为量子表示，即完成量子初态制备，然后根据事先编写的量子程序操控量子位，进行相应地计算工作，最后对量子末态进行测量，完成从量子表示到经典表示的转换。传统面向电子计算机的软件设计理论和方法并不适用于量子计算机。此外，尽管大数质因子分解算法已经提出了许多年，但是目前量子计算机还处在原型机阶段，能够求解的问题规模比较小。为了进一步提高计算能力，需要更加稳定的量子叠加态以及更多的量子比特。众多研究人员已经开始研究使用量子计算加速线性方程组求解、机器学习算法的加速优化。虽然量子计算机还处在婴儿期，但是关于量子编程语言的研究已经早一步先行，目前已经出现了QASM、Qiskit、Cirq和Q#多种不同的量子编程语言。这是因为编程语言是应用程序设计和实现的入口点，掌控了量子编程语言就有可能构建量子应用生态，为将来量子计算机的大规模应用奠定基础。

近年来，全球关于量子计算的专利和论文数迅猛增长，很多国家出台了关于量子计算的发展规划和支持政策，并设立了相应的研究机构。在不久的将来，量子计算技术会进一步成熟，会有更多的算法和应用诞生，在特定的领域实现计算性能的大幅提升。但是由于量子计算设备的特殊性，我们并不会用它来观看视频、编写文档、浏览网页。量子计算机会成为一种特殊的加速设备与经典计算机共存，发挥各自的优势，为计算技术的进步做出更大的贡献。

计算技术的进步极大地推动了智慧交通和智慧城市的发展，自动驾驶和车联网是当下最热的话题之一。本篇分为过去、现在和未来三个时间段，分别就车牌识别、自动驾驶和车联网等进行介绍，阐述了相关技术的发展历史和现状，并对未来的发展趋势进行了畅想。

交通篇

一辆电动汽车的自动驾驶之路

所有汽车都自动驾驶了，还会堵车吗?

是谁在记录每一辆车的违章行为?

一辆电动汽车的自动驾驶之路

计湘婷

自动驾驶是不是听起来就很酷，能够在开车的时候帮助人们解放双手，解放大脑，面对复杂路况，也能自动识别和避让，让人们在出行的过程中真正感受到放松身心的快乐。那么如何完成从电动车到自动驾驶的改装呢，下文就带大家感受自动驾驶的开发过程。

在新能源汽车普及的大趋势之下，一辆普通的电动汽车是如何变成自动驾驶汽车，向着智能化迈进的呢？

可以把开车的过程拆解为3步：感知、决策、执行。自动驾驶分为L0到L5六个级别。L0级别时，人占据绝对的主导权，从L1到L4，执行、感知、决策部分的主动权被逐步让渡给汽车，直到L5级别，汽车就能够实现在所有层面的完全自动驾驶，人们便可以随心所欲地在车上读书、看电影、玩游戏了。

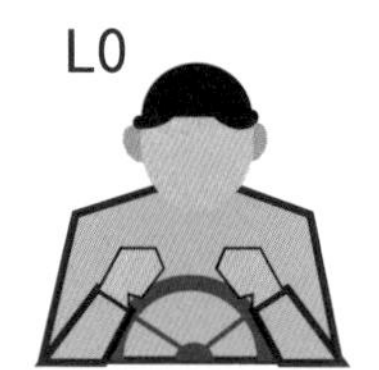

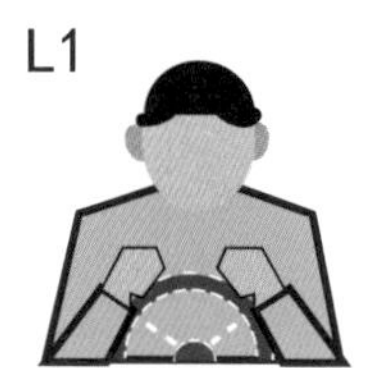

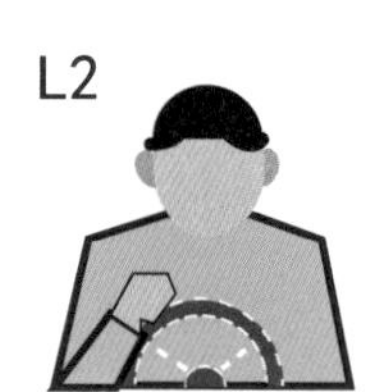

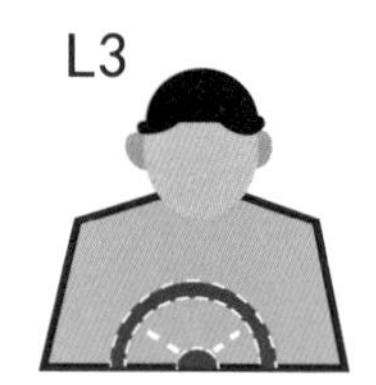

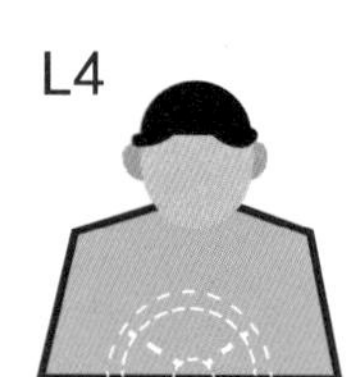

图1　不同的自动驾驶级别

2016年，Waymo在测试中直接把自动驾驶系统装到了克莱斯勒公司的一款车型上，这款车直接就从L1级别升级到了L4级别。2017年，AutonomouStuff公司的工程师借助百度Apollo平台的开放能力，仅用3天时间便将一辆林肯MKZ打造成一辆循迹自动驾驶汽车。

感知技术：老司机，最重要的是视野

自动驾驶汽车的感知分为环境感知和状态感知，既要“看”清楚周围有什么——这条是机动车道、前面是红灯以及右边突然来了辆车，还要对自己的状态做到心里有数——在哪里、车速是多少。传感器相当于“眼睛”，感受外部环境，采集到足够的信息，再上报给

“大脑”。这是实现自动驾驶的最关键的环节。

首先解决“看”清楚周围这一步，业界的观点分为两派：摄像头与激光雷达。

图2 使用摄像头探测

摄像头可以说是世界上应用最广泛、最成熟的传感器技术之一，它本质上采集的信息是一个个无意义的像素点。特斯拉公司就是摄像头派的践行者。

摄像头技术路线有些仿生学的味道，是以“弱感知+超强智能”实现感知的。既然人依靠眼睛就能开车，那让汽车依靠摄像头采集到的基本画面，再以强大的深度学习技术解其意，自然是可行的。

但问题在于，人工智能和人工智障往往只有一念之差，深度学习还停留在识别阶段，把路标识别成球拍的事情时有发生。除此之外，当外部环境条件不好时，比如遇到夜晚、大雾、雨雪等情况，摄像头就更容易出问题了。

激光雷达派则刚好相反，追求传感器的极致能力，而对人工智能的要求相对较低。激光雷达一般安装在车顶，可以高速旋转，获得周围空间的点云数据，实时绘制出车辆周边的三维空间地图，同时还可以测量出周边其他车辆在3个方向上的距离、速度、加速度、角速度等信息，再结合GPS地图计算出车辆的位置，这些庞大丰富的数据信息传输给行车电脑（ECU）分析处理后，供车辆快速做出判断。谷歌Waymo、福特、Uber等都属于这一派别。

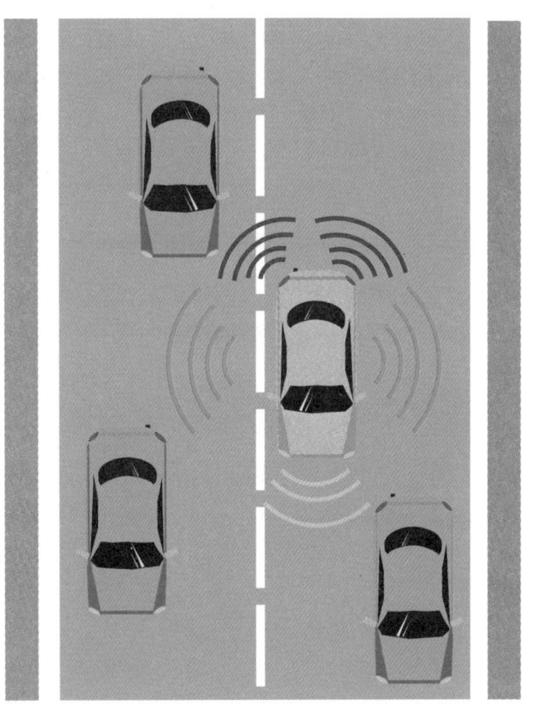

图3 使用激光雷达探测

激光雷达更像是一种“暴力解决方案”，分辨率高、采集精确、自带深度信息，比较容易还原。但成本也很高——从单线到64线，每多一线，成本就上涨1万元人民币，因此仅花在传感器上的钱就高达几十万。华人运通旗下首款量产定型车高合HiPhi 1，号称全车搭载了超过500个传感器、52个生物感测器，制造成本可想而知。

不过，激光雷达和摄像头一样，在天气不好的情况下，精度同样会减弱。所以，无论选择以上哪种方案，都必须有毫米波雷达的辅助，它能不受环境影响，可探测远距离物体，可以给摄像头和激光雷达提供完美补充。

“看”清周围环境之后，电动车还需要了解自身状态。比方说，“看”到前车停下来了，它还需要知道自身的速度，才能够恰如其分地刹车。对于日常定位测速来说，GPS就足够了，但是如果想实现自动驾驶，那仅靠GPS还远远不够，GPS的日常使用精度大概在1～10m，还容易受到信号的影响，难以满足需求。

此外，我们还需要加装惯性测量单元，它由陀螺仪、加速计和算法处理单元组成，可以测量出自体的运动轨迹。惯性测量单元受信号影响小，因此在车库、隧道里也可以用，刚好和GPS互补。

可见，要想改装后的电动车在各种环境下完美行驶，一种传感器是不够的，需要运用到多传感器融合技术。

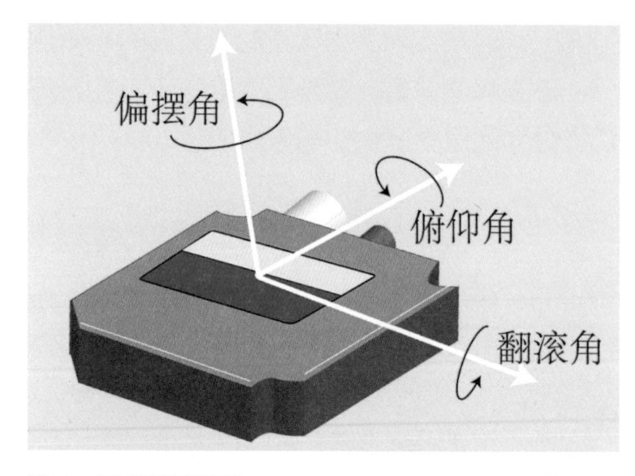

图4　惯性测量单元

决策规划：决定了无人车的智商

上文提到的那些采集到的信息，需要经过无人车的“大脑”——计算单元，才能转化为控制信号，从而实现智能行驶。简单来说，计算单元就是布置任务的：保持车距、车道偏离预警、有障碍物、该转向了……相当于“大脑”给出决策，交由下一环节执行。

关于规划决策，举个最直观的例子：在著名的2018年Uber自动驾驶汽车撞人事件中，最后调查报告出来，发现Uber的激光雷达感知和视觉感知都时不时检测到障碍物的存在，但融合的结果却是“无障碍物”，最后导致车辆无减速地撞到人，酿成悲剧。

这个事故背后的根本问题，就是规划决策模型的“硬判决”。

自动驾驶计算平台中，CPU上运行操作系统和处理通用计算任务，实现系统调度、进程管理、通信等功能；GPU则用来完成深度模型感知任务，简言之，传感器收集到的信息会直接交给GPU来处理。GPU性能和自动驾驶汽车感知环境的能力息息相关，Google的TPU就是用了专门用于深度学习的芯片来处理这些任务。

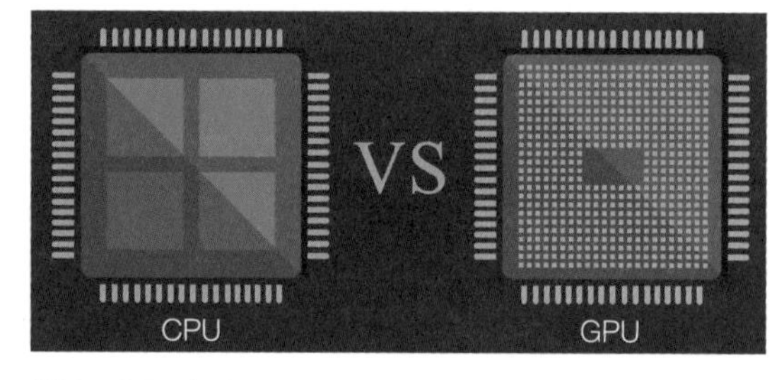

图5　CPU与GPU

可选择的计算平台有两种。

一是工控机，它采用CPU和GPU的组合，可以在此基础上自行扩展开发。百度开源的Apollo平台就推荐了一款包含GPU的工控机，但它的性能不太强劲，接口也不够丰富，如果要安装大量的传感器、以太网、雷达和其他外设以达到L5级别的要求，估计就不太够用了。

二是芯片厂家推出的自动驾驶计算平台，比如英伟达的DRIVE、德州仪器的基于DSP的TDA2X Soc。这类平台都是采用开发板设计的，厂家提供了SDK，可以做到开箱即用。

运动控制：打通无人车的任督二脉

传感器用来“看”，计算系统用来“算”，而控制系统就像“神经系统”一样，将信号从大脑传向“四肢百骸”，开始执行决策。这就不得不提到改装自动驾驶汽车时不得不面对的另一大难点——线控改装。

线控技术是自动驾驶的根基。未来的自动驾驶汽车，方向盘、刹车和油门踏板等都将不再保留，用线束取代机械连接，将信号传递给执行系统。在自动驾驶中，数据传输速度的重要性不言而喻，因而也就不难理解线控技术的重要性。也就是说，驾驶自动汽车想要拐弯时，不再需要转动方向盘，计算系统就会发出信号对汽车进行控制了。

电动车进化为自动驾驶汽车所需的线控改装分为3个部分：油门、制动和转向。其中，线控制动是最难的部分。

线控油门即电子油门，在一些具备定速巡航的车辆上已经大量应用了。电子油门会把驾驶员踩下油门踏板的角度转换成与其成正比的电压信号，把各种特殊装置制成接触开关，把产生的各种加速、减速状况变成脉冲信号输送给发动机的控制器，从而达到加减速的优化自动控制。我们可以在电动车的踏板位置传感器处连接一个信号模拟器，用继电器对踏板位置传感器和信号模拟器进行切换。

转向也是同样的道理，给方向盘和扭矩传感器并联一个信号模拟器，用继电器进行切换。打方向盘相当于给了扭矩传感器一个输入，紧接着会产生电信号，转角传感器记录下方向盘的位置及角速度，经电控单元计算后，转化给控制器执行。

传统的制动系统采用液压原理，司机踩下制动踏板时，整个机构会通过液压把力量放大后传递给车轮。随着人们对于制动性能要求的不断提高，大量电子控制系统如ABS（防抱死刹车系统）、ESP（车身稳定系统）加入，整体的结构和管道变得愈发复杂。制动控制是自动驾驶执行系统中的重要部分，车身稳定系统、自动泊车、自适应巡航、自动紧急制动都与之相关。

但除了这3个部分，还有一个最基础的部分需要实现——能够通过CAN总线协议发送指令。汽车的数据传输是通过CAN总线协议进行的，如果不能破解或请车厂提供线控协议，那么线控改装就只能是无源之水。

值得一提的是，自动驾驶汽车一般选择纯电动汽车，这是因为相比于发动机来说，电机的构造简单，底层控制算法也没那么复杂。

智慧交通：对所有交通参与者都进行调度和整合

一辆汽车要想做到真正的全场景自动驾驶，不仅要着眼于自身，也要具备“心灵感应”的能力。它要与道路、交通指示以及其他车辆“交流”起来，进行远距离通信。因此，加装V2X设备是把电动汽车变成自动驾驶汽车的必要步骤。

在传感器还未“看”见时，就能够预判红绿灯的状态提前减速，也能在并道、变道时告知其他车辆，让其他车辆有时间去处理，交通状况将会无比和谐。云端平台可以对所有的交通参与者进行统一的调度和整合，实现真正智慧化的无拥堵交通。

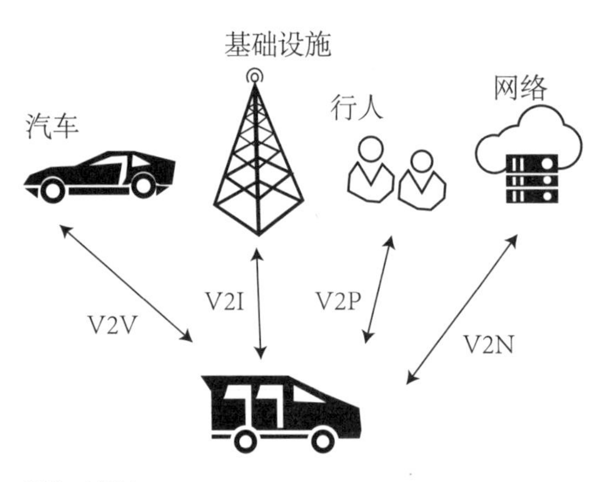

图6　V2X

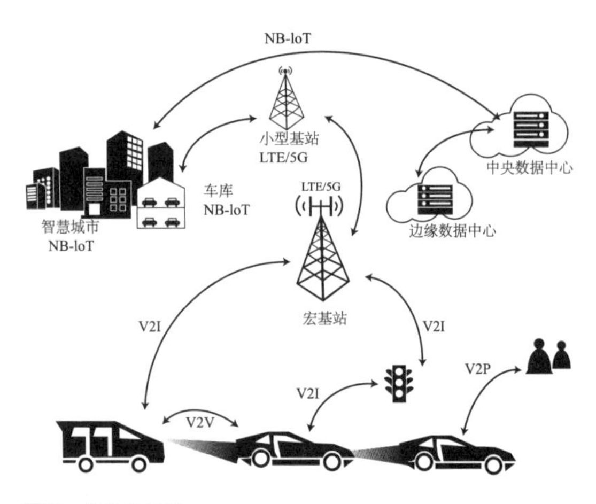

图7　5G+V2X

基于移动蜂窝通信的C-V2X（Cellular Vehicle-to-Everything）技术是车汽车能开启“群聊”的幕后英雄。这一技术已经列入多个国家的自动驾驶产业计划中，我国国家发改委也在《智能汽车创新发展战略》中做了明确规划。

在拥有5G优势的中国，许多车企已经开始在5G方向发力了，随着5G网络覆盖面积的扩大、智慧城市的打造和技术的成熟，“5G+V2X”的组合将为自动驾驶带来更多可能性。

到这里，一辆纯电动汽车变成自动驾驶汽车的目标就大功告成了。

众所周知，自动驾驶汽车正成为现实。但事实上，对于工业界来说，自动驾驶基本原理性的技术其实并不是它面临的最大挑战（对于自动驾驶基础理论层面的研究，严格地讲，关键技术已经具备），目前，实现自动驾驶所面对的最主要的挑战，还是来自降低成本、提高计算能力、恶劣环境下的安全性等几个方面。

总之，今天的自动驾驶涉及太多需要时间来积累的东西，我国的自动驾驶行业正处于起步阶段，方兴未艾。可以看到，如今国内的头部技术公司纷纷布局自动驾驶，初创企业中也不乏黑马。北京、杭州、广州等地早有自动驾驶汽车在试运行。相信随着半导体、5G、深度学习等技术的提升和使用成本的下降，自动驾驶行业的发展或许在不远的未来会有质的飞跃，将带给人们焕然一新的出行体验。

传感器成本、激光雷达等关键部件的成本在短期内还降不下来，是L4级别自动驾驶汽车还未普及的重要原因之一。所以，现阶段的问题主要还是卡在智能专用摄像头、毫米波雷达、激光雷达、车载计算机等还没有车规级水准。

提高芯片计算能力、功耗和恶劣环境下的可靠性的同时，也需要降低成本。并且，现在中国车企发展自动驾驶，严重依赖英特尔、英伟达等的已有成熟性能的自动驾驶芯片，还需要时间追赶。

恶劣天气和气候条件下的感知和安全性还达不到要求。

新的车辆计算和网络体系架构，如集中式的架构代替ECU等，可以达到降低成本、方便升级等目的。

所有汽车都自动驾驶了，还会堵车吗？

崔原豪

作为全球道路交通最为拥堵的国家之一，哪怕在疫情影响下，2021年我国各大城市通勤高峰的汽车速度也少有超过30km/h，许多人的时间被白白浪费。而在科幻作品中，“自动驾驶技术”是其中出现的高频词汇，也是大家长期以来的梦想。随着近年来自动驾驶产业蓬勃发展，我们不禁要问：当自动驾驶汽车全面普及后，还会出现困扰人们的堵车现象吗？

堵车这种糟心事，想必大家都不陌生。城市中的汽车数量不断增加，让本就不堪重负的道路交通系统承受了越来越大的压力。在一、二线城市上下班的高峰期，堵车早已经是家常便饭。为了不打乱出行计划，许多人选择错峰出行，或是乘坐地铁等公共交通。

堵车是大城市的通病，不仅为居民带来困扰，也严重影响了人们的工作效率和社会发展。眼看一条条宽阔的马路成为巨大的停车场，望着前方长长的车龙，想必大家心里都会有这样的期待：要是再也不会堵车该多好。

随着科技的发展进步，汽车行业也迎来了激动人心的“自动驾驶”变革。相比新能源汽车取代燃油汽车的趋势，自动驾驶技术的出现让大家能够更直观地感受科技的魅力。顾名思义，自动驾驶汽车就是可以在没有驾驶员控制的情况下，根据人们的意愿，自动、快速、安全地将人们从A点运输到B点的交通工具。

实际上，自动驾驶汽车是一种通过计算机系统实现自动驾驶的新型汽车，司机驾驶汽车的过程被自动驾驶系统的各个部分模仿、代替，其中机器视觉、路径规划、传感器等软硬件相互配合，让汽车在没有人干预的情况下安全行驶。

那么，如果所有车辆都自动驾驶了，还会堵车吗？

想要解答这个问题，首先应了解自动驾驶技术的发展过程，弄清楚自动驾驶汽车究竟是如何“自己”在道路上行驶的，以及它有哪些优势和缺陷。除此之外，我们还要对我国道路交通的大环境有清晰的认知，分析自动驾驶汽车普及后的改变，才能得出这一问题的最终答案。那么就让我们开始吧！

自动驾驶技术发展过程

实现自动驾驶技术是人类长期的梦想。但最近两年，自动驾驶技术似乎迎来了一个爆发式的高峰，正逐渐走进千家万户。不过，看似是一夜之间的火爆，实则发展道路曲折而漫长，一代代研究者的不懈努力，才让自动驾驶汽车走进现实。

从现代文学和影视作品中不难看出，自动驾驶汽车是全人类对未来的长期梦想之一。事实上，从历史上第一辆汽车诞生时，人们就开始探索如何让汽车能够自动行驶。1925年，美国人弗朗西斯·霍迪纳发明了一辆无人汽车，实际上是由人远程使用无线电操控的。据报道，这辆汽车成功在曼哈顿的道路上行驶，可以发动引擎、转动齿轮并按响喇叭，“就好像有一只幽灵的手在方向盘上”。当然，限于当时的技术水平，这一尝试更像是今天的遥控玩具车。

1969年，作为人工智能创始人之一的约翰·麦卡锡在一篇名为《电脑控制汽车》的文章中，设想有一名“计算机驾驶员”可以“通过摄像机输入数据，使用与人类司机相同的视觉输入”，从而让汽车能在道路上自动行驶，为后续的研究人员提供灵感。

当历史进入20世纪80年代，随着机器人技术的发展，自动驾驶技术也进入了一个全新的时代。1987年，梅赛德斯-奔驰和慕尼黑联邦国防军大学推出了一款名为VaMoRs的自动驾驶汽车。VaMoRs配备了2个摄像头、8个16位英特尔微处理器和一个带有其他传感器和软件的主机，可以在实际街道上以63km/h的速度独自行驶。

进入21世纪后，随着计算机、电子地图、传感器、汽车电子等相关技术的快速发展，虽然自动驾驶汽车仍然遥遥无期，但许多车企开始为车主提供自动泊车服务。自动泊车系统的诞生预示着自动驾驶正逐渐由梦想走进现实。同时，越来越多的机构和厂商参与到自动驾驶技术的研究中，不仅包括传统汽车公司，还包括跨界互联网公司，如谷歌。

从2009年开始，谷歌开始秘密开发自动驾驶汽车项目。几年后，谷歌宣布其设计的自动驾驶汽车在电脑控制下总共行驶了48万km，并且没有发生一起事故。2014年，谷歌展示了没有方向盘、油门和刹车踏板的自动驾驶汽车的原型，它实现了100%的自动驾驶。自从谷歌踏入汽车行业，自动驾驶的概念似乎不再是科幻小说中的虚幻形象，而是席卷整个行业的热潮。

为什么需要自动驾驶？首先，自动驾驶可以把人从枯燥、辛苦的驾驶工作中解放出来，尤其是堵车、长途等机械重复的驾驶过程。简而言之，高度成熟的自动驾驶技术将彻底解放我们的双手，帮助人们“偷得浮生半日闲”。

其次，在计算机精密无误的控制下，自动驾驶汽车将会更高效，且发生交通事故的可能性几乎可以下降至零，保证行车安全。很多时候，交通事故是驾驶员操作不当造成的，而自动驾驶则可以严格按照交通规则和路况安全驾驶。当然，系统的正常运行是前提。

此外，自动驾驶还可以提高道路的通行效率，大幅减少政府对超宽车道、护栏、减速带、宽路肩甚至停止标志等交通基础设施的投入。那么，在诸多光环的背后，自动驾驶汽车究竟有什么奥秘？

自动驾驶汽车有什么奥秘?

大家可能对“自动驾驶”一词并不陌生了，但是否知道自动驾驶汽车到底是怎样一步一步学会开车的呢?

与人类用双眼去观察路面、用手去操控方向盘类似，自动驾驶技术的本质是用机器视角去模拟人类驾驶员的观察行为。通俗来讲，自动驾驶技术像是让汽车长了眼睛，能够“看”到周围的交通状况，自己选择合适的行驶路线。为实现自动驾驶，需要硬件与软件两大领域的技术，共同组成自动驾驶的感知、决策、控制系统。

感知部分

人们眼睛的主要构成部分是眼球，通过调节晶状体的弯曲程度来改变晶状体焦距来获得实像。和人类的眼睛一样，自动驾驶汽车也有它自己的“眼睛”，用来识别周边的车辆、障碍物、行人。这就是自动驾驶技术的感知部分，采集周围环境信息是自动驾驶技术的第一步，也是最关键的环节。你可能会好奇：自动驾驶汽车的“眼睛”究竟是什么呢?

答案是传感器，包括摄像头、激光雷达、毫米波雷达，还有红外线、超声波雷达等。

你可能会惊讶，怎么需要这么多种类的眼睛?

没错，自动驾驶汽车上通常会安装十几种不同功能的传感器，它们彼此间取长补短、相互配合，才能让自动驾驶汽车在复杂的环境中“看清”道路，其中，最为重要的就是摄像头、毫米波雷达和激光雷达，下面将一一为大家介绍。

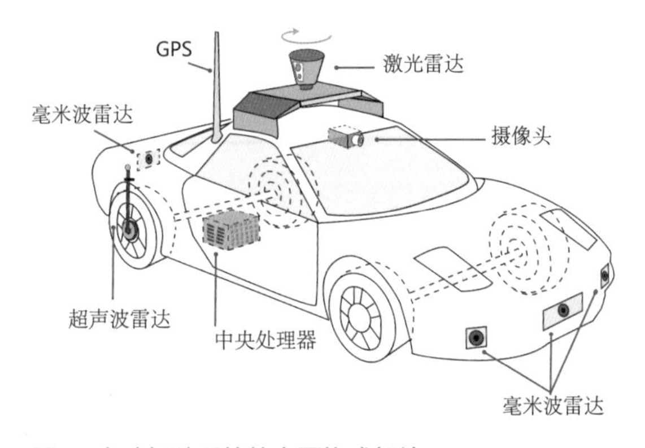

图1　自动驾驶系统的主要构成部件

摄像头在汽车领域应用广泛，通常安装在前视、后视、侧视、环视等位置。摄像头可以采集图像信息，功能与人类视觉最为接近。采集图像后，经过计算机的算法分析，能够识别丰富的环境信息，如行人、自行车、机动车、道路轨迹线、路牙、路牌、信号灯等。但是摄像头受环境影响大，在夜晚或能见度低的恶劣天气下时，性能就严重下降。

毫米波其实就是电磁波，其波长为1～10mm，毫米波雷达的频率通常在10～300GHz频域，即介于微波和厘米波之间。毫米波雷达通过发射无线电信号并接收反射信号来测定与物体间的距离。虽然它无法识别高度，且分辨率不高、探测角度小，但由于毫米波雷达能够穿透尘雾、雨雪，可以全天候工作，因而在自动驾驶中非常重要。

激光雷达由激光发射机、光学接收机、转台和信息处理系统等组成，是通过发射激光束探测目标的位置、速度等信息的雷达系统。目前，许多自动驾驶汽车的激光雷达安装在车顶，通过高速旋转对周围进行360°扫描，像是顶不停旋转的帽子。其工作原理是向目标发射激光束，通过计算激光束的反射时间和波长，就可绘制周边障碍物的3D图，包括目标距离、方位、高度、速度、姿态甚至形状等参数。而短板则是无法反馈图像和颜色。

如此多各式各样的眼睛，那它的视力一定很好喽？那也未必。你以为星多天空亮，可它们之间能够互补还好，但产生矛盾也是难免的。这么多只眼睛，要优先选择相信谁，这也是一个很大的研究课题，即传感器融合，根据每种传感器的优缺点来综合评判信息的准确度，得到更可靠的最终结果，而且，要保证即便“某只眼睛暂时失明”，也不会影响汽车的安全前行。

定位

只有知道自己在哪里，才知道自己去哪里。自动驾驶汽车自带的全球定位系统（GPS）帮助准确定位，但GPS的精度最小只能精确到1～2m，对自动驾驶汽车来说，这种精度远远达不到上路的要求。一辆自认为在车道中心行驶的车，如果加上这一两米的误差，可能会撞到行人或绿化带。

所以，仅用GPS定位还不够，自动驾驶需要的另一重要技术是高精度地图。高精度地图相当于让自动驾驶汽车拥有“记忆力”，可以通过由多辆汽车拍摄到的素材重建道路、交通标志、信号及周围环境的3D位置，形成立体交通环境模型。结合高精地图、众多传感器和复杂的数学算法，自动驾驶汽车就能掌握实时驾驶信息和路况信息，安全地在道路上行驶。

图2　生成高精度地图

决策

通过传感器获取周边环境后，自动驾驶汽车就需要充分利用这些信息进行理解分析，决定自己该如何走下一步。要完成这项任务的就是决策系统。跟我们需要考试拿到驾照，再通过不断练习提高驾驶水平一样，自动驾驶汽车也同样需要知识积累。完成大脑中的知识库有两种方式：专家规则和人工智能。

专家规则，即由专家制定规则，决策系统做决定时必须严格遵守。例如，当自动驾驶汽车准备变道超车时，就需要判断当前的道路条件是否满足超车的要求，可能需要考察的条件包括当前道路直行的距离、前后车距、道路宽度等条件，只有当所有条件都满足时，才能选择超车。但交通情况瞬息万变，依靠专家制定规则显然远远不够。

人工智能则是模仿人类的大脑，人类可以借助人工智能算法代替自己对场景作判断。通过预先收集现实场景的驾驶案例，可以制作包含大量驾驶信息的数据集。有了这些案例，人工智能算法就能学习如何正确驾驶一辆汽车，并不断提高自己的驾驶能力。当算法拥有举一反三的能力时，它就能根据自动驾驶系统感知的环境和高精度地图信息，实时进行驾驶操作。随着知识库的积累，算法作出的判断也将更准确。

实际上，自动驾驶涉及的技术远不止上述几项。作为一个庞大且复杂的工程，自动驾驶是诸多技术共同铸就的。

堵车出现的原因

知道了自动驾驶技术的历史与现状，还要结合实际交通情况来分析拥堵。城市交通拥堵有很多原因，首要的就是驾驶员人为因素，例如，驾驶技术不过关，此外还有许多客观因素，例如，城市规划和道路设计不合理、自然灾害、公共交通不成熟、汽车数量增加等。

在交通参与者主观意识方面，如果所有车辆都实现自动驾驶，道路上将不再有不文明驾驶、事故或者由于驾驶员不尊重路权甚至不遵守交通规则而造成的拥堵现象。可以认为每辆车都有最完美的驾驶员，彼此之间还会持续沟通。因此，在车路协同的自动驾驶支持下，由于城市交通治理能力过于薄弱导致的堵车也将大大缓解。

然而不难发现，在上述诸多因素中，自动驾驶仅能解决与驾驶员有关的问题。当车流量远超道路设计标准，或是道路交通硬件不足时，哪怕所有车辆都自动驾驶，也只能通过提高道路限速和缩短行车安全距离的方式缓解拥堵，无法杜绝堵车的情况。此外，自动驾驶对于恶劣天气、自然灾害等突发原因导致的堵车也无能为力。

如果未来城市中的道路交通硬件优化，能够承载更多车流量、规划得更加合理，相信在自动驾驶等新兴技术的支持下，“堵车”这个名词将在未来彻底成为历史。

综上所述，文章开始的问题就有了明确的答案。如果所有车辆都自动驾驶，堵车与否将取决于道路交通的硬件条件。但哪怕就在当下，自动驾驶普及也将大大缓解堵车的情况，在人工智能的有序规划下，所有出行者都将从中受益。然而，自动驾驶技术仍在发展的过程中，当今仍没有商用汽车可以实现绝对安全的自动驾驶，在数据安全和法律层面上也有许多需要克服的困难。

自动驾驶必将为人类带来更美好的未来，但前路漫漫，我们要理智地期待新技术的到来。

是谁在记录每一辆车的违章行为？

李静远

小明今天很郁闷…… 下午收到了一条短信，显示有一张交通罚单，他打开交通部门的App，看到了3张他的车在直行车道右拐的照片，照片上清晰地显示了他的车牌。当天小明并没有被交警拦下，所以可以肯定这是被交通摄像头拍下来的了。可是交通摄像头又怎么能清晰、迅速拍下车牌号，并且判断违反了哪一条交通法规的呢？难道在某个地方有一群人，天天盯着摄像头，然后把违法行为识别出来，再把车牌号输入系统吗？

这个回答也对，也不对。首先了解与计算机视觉相关的一系列知识，然后再返回来回答这个问题吧！

图像语义分割

生活中的大部分图像是位图，也就是由一个个的点组成的图，比如说一张图片的像素是1920×1080，在没有被压缩的情况下，这张图应该由1920×1080=2 073 600个点组成，每个点用3个8位的字节分别存储R（红色）、G（绿色）、B（蓝色），共有近5000万个二进制数0或1来存储和表示这张图。

这长长的一串数字代表的究竟是什么意思？是温室里面的一盆花？还是一个正在雪道上飞驰的滑雪健将？怎么才能让机器知道这张图片里面表达的究竟是什么（人类能看懂的意义）呢？

这就是“图像语义分割”这门计算机视觉下面的子学科在研究的内容。如图1所示，我

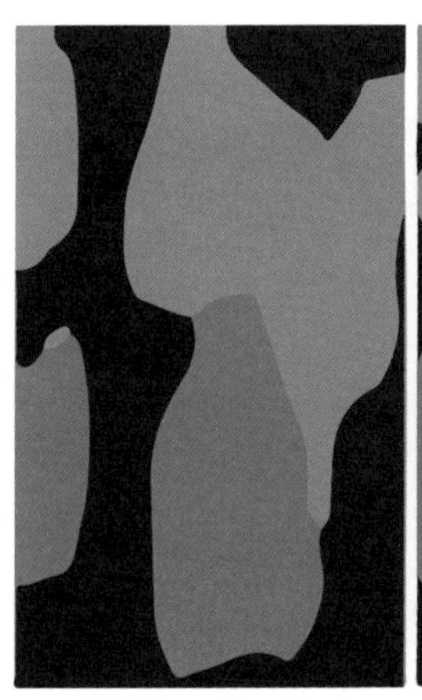

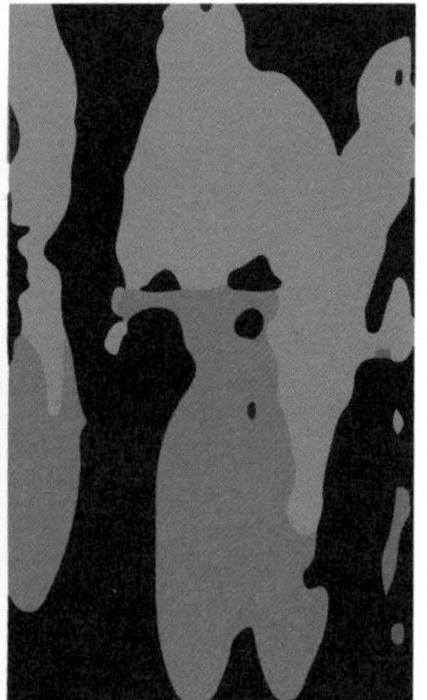

图1　赛车手图像分割

们可以使用经过特别改进的卷积神经网络模型，把图片里的自行车和赛车手分割开，绿色表示自行车的区域，粉色表示赛车手的区域。同样地，对于交通摄像头所拍摄的道路上的汽车的图片，可以利用同样的方法，把车牌所在的区域识别定位出来，如图2所示。

图2 交通摄像头进行图像分割

前面说的是图像分割，和语义有什么关系呢？图像分割后，还得告知人工智能，这样的图形叫自行车、那样的图形叫汽车，汽车中某个部位的长方形牌子叫车牌。当然，这是需要训练的，比如我们提前准备一组已经标注过的图片让人工智能学习，在学习的过程中，人工智能就会越来越精确地“分割”出车牌区域，然后给这个区域打上“车牌”的标签（语义）。

光学字符识别

光学字符识别（Optical Character Recognition，OCR）所识别的对象通常是正式的打印字体，比如打字机打出来的文字、印刷机印刷出来的报纸上的文字，或者用计算机录入一篇文稿，然后用截屏软件转换而成的图片。手写体在传统上不在OCR研究的范畴中，在这里先明确做出说明。

OCR识别文字的过程通常可以分解为两大部分：预处理和对比识别。

图3 为给救护车让路而闯红灯，将交由人工进行审核

预处理

一张在自然环境下拍摄出来的照片可能有很多问题，会影响识别的准确性，常见预处理方法如下。

（1）图像降噪　拍摄照片的镜头上有灰尘、太阳光下的照片反光影响文字、书页上有饮料污渍或者图片中含有水印等情况，都会影响后续识别的情况。以前面提到的从交通违章照片中识别出来的车牌区域为例，拍摄时是白天还是黑夜、车牌有没有反光、车牌是否干净、拍摄瞬间的摄像头焦距选择是否正确等，都会影响到对车牌上的文字识别的准确度。此时就需要预先用一些方法，比如降噪，处理一下。

（2）倾斜校正　扫描的书籍、拍摄的图片等或多或少都会有一些倾斜，在对图片中的文字做识别处理前，需要对图像方向做出检测和校正。如交通摄像头拍摄车牌的角度通常不可能是正前方，而是上方或者侧上方，这就需要在识别文字将文字“摆正”，以降低文字识别的难度。

（3）二值化处理　OCR通常不需要彩色信息，而只需要图像中文字区域的形状信息，因此通常在处理一张图片前会做二值化或者相近似的预处理。用最简单的方式表述所谓二值化，就是把图像分为前景信息和背景信息，把前景信息用纯黑色表示，把背景信息用纯白色表示，这样对图像中文字的识别一下子就简单了好多。还是以车牌举例，如果一切顺利的话，一张车牌的区域最终就只剩下黑色的文字区域，以及白色的背景区域了。

对比识别

对比识别是OCR的实现核心，也最能体现某个OCR算法的优劣。简单来说，对比识别的过程可以分为如下几个步骤。

（1）特征抽取　对于每一块区域，其特征又进一步分为统计特征和结构特征。统计特征就是我们把一个文字区域切分为多个小区域，统计里面每个区域的黑色部分和白色部分的比例，这一系列的比例就形成了一个有统计意义的信息，利用数学方法和对比库中的文字信息做比较，就可以判断这个文字可能是什么。结构特征则是我们把一个文字区域做进一步分析，可以得到笔画的数量、笔画的长度和角度、笔画之间的交叉位置和数量等特征信息，然后通过数据库去对比，判断到底应该是哪个字。

（2）对比数据库　前面将文字的各种特征均识别完成后，会与文字的特征库做对比，不管用的是统计特征还是结构特征，最终都需要在特征库中找到那个最匹配的文字。通常对于每一个文字，都可以得到一组可能正确的文字的集合，每个候选答案都对应一个正确的概率，为后续步骤做好准备。具体的对比方法涉及很多数学理论知识，在本文中就不做详细说明了，愿意自我挑战的朋友可以找一本模式识别的理论书籍进一步学习。以车牌为例，我们可以把前面整理出来的经过二值化处理的图片进一步切分为多个文字区域，然后通过对比数据库的方法得到每一个文字区域可能是什么，比如最后一个字应该“有99%的机会为3，有1%的机会为5”，诸如这样的形式。

（3）字词的后处理　还可以使用其他一些“场外”信息增加识别的准确率，比如常用的汉语词汇、成语等，其前后的文字会比较稳定，如果恰好这个时候有个字识别得不够清楚，就可以用这样的字词关系进行猜测，比如“虎年大吉”，假设第四个字恰好扫描得不清晰，只能看到上面是个“士”，那整个字是“吉”字的概率其实非常大。再比如刚才的车牌，就可以利用如下“场外”信息：车牌第一位通常是省市的简称，单个汉字如“京”“沪”；后面跟着字母或者阿拉伯数字；不会出现连续3个字母；等等。另外，通过对原始照片中汽车外观的分析，再利用公安部的汽车登记信息进行对比，也可以发现一些有用的“场外”答案，比如在已经登记的某品牌、某颜色的某车型中，没有类似的车牌号，那么某位数字就不可能是几，等等。利用这些场外信息，一些污损的车牌也可能会被猜出来。

（4）人的介入和识别　最后的最后，如果真要开罚单的话，很大概率上还是要有人工审核这一步，一方面是因为有人工进行核实或者抽检才能确保万无一失；另一方面是因为人工智能无法针对某些复杂情况做出判断，比如有交警在现场指挥的情况下，车辆会优先听从交警的指挥而不是信号灯的指示，此时“闯红灯”的车辆就不应该被开罚单。

更广义的文字识别

当然，随着人工智能的发展，除了前面提到的打印字体能够被准确识别之外，手写体文字的识别也达到了相当高的精度，但其识别方法并没有完全脱离对打印字体的识别方法，此外还会配合上深度学习。手写体文字识别技术的典型应用案例就是手机上使用的手写输入法。

OCR的更多可能

车牌识别其实是OCR识别中一个非常简单的应用案例，因为车牌信息相对是简单且有规律的。事实上，OCR如果与其他图像识别技术相结合的话，还可以做更多的事情，比如可以对驾驶员的身份、是否佩戴安全带等问题给出判断。

更进一步地，对违章摩托车、电动车牌照的识别，以及有没有戴头盔等违规行为的识别，也可以通过OCR和图像识别结合的方式实现，近两年，类似的技术已经在国内若干城市进行了试点，起到了很重要的辅助工作。

再进一步地，如果能把人脸识别技术大规模应用到乱闯红灯的行人的识别和惩罚中，那行人不遵守交通规则的问题将会得到很大的改善。

图4　对行人进行识别

最后，回到本文一开始提到的问题“可是交通摄像头又怎么能清晰、迅速拍下车牌号，并且判断违反了哪一条交通法规的呢？难道在某个地方有一群人，天天盯着摄像头，然后把违法行为识别出来，再把车牌号输入系统吗?”相信大家已经有了答案。现阶段，有可能是一个工作人员看视频发现的，也有可能是计算机自动识别出来又经过人工验证复核的，也有可能就是计算机直接识别出来且直接处罚的。只能说，随着OCR和计算机视觉的不断发展，计算机完全“靠自己”识别交通违法行为的情况会越来越普遍，直到变成必然。

科技的进步一定会让城市的交通变得更文明，让交通监管变得更智能，这可不是一句空话。

计算机和人类的对抗最早出现在娱乐领域。从简单的俄罗斯方块和贪吃蛇，到20年之前的卡斯帕罗夫大战深蓝，5年前的柯洁对战AlphaGo，计算机和人类的对抗一直在上演。在需要大量空间搜索的场景中，计算机已经展现出了超人的能力，并且随着智能化技术的不断发展，计算机会变得越来越强大。人类是否会逐步走入自己设定的算局？本篇对上述问题一一进行了解答，并对目前的最新概念“元宇宙”进行了剖析。对计算能力的追求不会止步，人类与计算机的对抗也不会停止，切分人类和机器的边界也许是人们下一个更要思考的问题。

娱乐篇

人工智能是如何“修炼”成棋类大师的?

你看的网络视频，被切片了?

我们真的需要算法的推荐吗?

在虚拟的“元宇宙”世界中，真的没人“认识”我吗?

人工智能是如何“修炼”成棋类大师的？

李静远

让人工智能去下街边的象棋残局会赢吗？20年前问这个问题，答案是“不好说，看水平”。20年后的今天再问，答案是人类（几乎）没有机会。这些年都发生了什么？在这里把时间轴拉回到20世纪50年代，给各位聊一聊从1956年开始，近70年间人工智能在棋牌运动上的演化历史。

人工智能正式成为一个研究领域，目前主流观点认为出现在1956年，当年在Dartmouth College（与哈佛、耶鲁、普林斯顿等八大名校同属常春藤联盟的美国顶尖学府）上举办了历史上首届以“人工智能”冠名的学术研讨会。图灵、香农、明斯基、麦卡锡等多位大名鼎鼎的学者都参加了当年的会议。随后人工智能便开启了一段黄金研究时间，后又进入低潮，最后在21世纪再度起飞，几乎成了科技的代名词。这是一个很长的故事，这里就选择其中的人工智能棋牌研究来好好讲一讲。

棋类计算机程序的重要理论基础——博弈论

棋类游戏，本质上说是人与人之间的竞争，无论是两人参与的棋类运动，如象棋、围棋、国际象棋等，还是多人参与的棋类运动，如中国跳棋等，都有如下几个特征：①下棋的规则是提前约定好的；②除少量特殊情况下，大家应轮番下棋；③玩家是为了取得胜利。

基于这样的规则，博弈论就派上用场了。博弈理论在17世纪时就有相关的研究，但一般认为现代博弈论的起源是约翰·冯·诺依曼和奥斯卡·摩根斯特恩合著的《博弈论与经济行为》，该书首先出版于1944年，其出发点为研究经济学中人的行为与人之间的关系，用数学方法构建了一整套的理论体系，然后探讨建成的理论方法如何指导人们更好地在经济和商业活动中受益。

该书首先构建了“二人零和博弈”的完整理论。所谓“零和博弈”，指的是参与博弈的两人所竞争和交换的利益总量没有增加或者减少。比如规定两个人竞争一个职位，只有A能获得这个职位，或者只有B能获得这个职位，而不可能出现两人均获得这个职位，也不可能出现两人均没有获得这个职位，这样规定的问题就是个典型的“零和博弈”问题。

还有一大类博弈被称为非零和博弈，也就是在某种行为下大家收益的总量可能增加或者减少，比如打仗中的“杀敌一千，自损八百”就是典型的非零和博弈的例子。不过《博弈论与经济行为》这本书中已经证明，一个由n个人参加的非零和博弈，可以等价地转化为一个$n+1$个人的零和博弈。

1950年前后，著名的天才科学家约翰·纳什（对，就是电影《美丽心灵》中那个纳什）系统性地提出了纳什均衡理论，又称为非合作博弈均衡。他提出，一个博弈过程的参与各方在没有交流及合作动作的情况下，且大家都了解并且按照纳什均衡的这一套理论行动的话，所有人都会选择一个确定的策略，则该策略被称为支配性策略。

纳什均衡理论，加上1928年冯·诺依曼提出的极小极大理论（在下面的章节会做简要介绍）等，奠定了现在博弈理论的基础。而且从前面的例子中可以看到，这一套博弈理论的主流分支——二人零和博弈——恰恰和世界上绝大多数棋类游戏的行为模式非常相似，因此也被大规模应用到了棋类计算机程序（特别是早期棋类人工智能程序）的研发过程中。

棋类游戏

01

下棋的规则是提前约定好的；

02

除少量特殊情况下，大家应轮番下棋；

03

玩家是为了取得胜利。

深蓝

1997年发生了一件轰动全球的事，当时的国际象棋世界冠军卡斯帕罗夫与IBM公司的“深蓝”国际象棋程序下了一场6局的挑战赛，最终深蓝以3.5：2.5击败卡斯帕罗夫。这是历史上第一次有国际象棋程序击败人类世界冠军。

深蓝使用的方法是较为经典的极小极大理

论，这里举一个例子，帮大家更好理解极小极大理论。

小明和小红分蛋糕，规则是小明切蛋糕（切成两块），小红优先选蛋糕，最终两人的收益是自己得到的蛋糕的大小。这里就可以使用“极小极大原理”。对于小明来说，所谓“极小”指的是小红（对手）一定会选大块的蛋糕，所以留给小明（自己）的蛋糕就只能是小块的了；而所谓“极大”指的是一定要让小明（自己）的蛋糕足够大。那“极小极大”组合起来的意思就是，小明已知小红会选大块的蛋糕，所以会尽可能把小块的蛋糕切得最大，所以最终小明会把两块蛋糕切得一样大，这就是这个问题的理性解。

这就是极小极大原理，是不是很简单？当然了，实际应用到国际象棋程序上，一定比这要复杂得多。对于两个玩家参与的对抗类型游戏，某一个玩家的决策会依赖于另外一个玩家前一步的决策，并且两个玩家都以获胜为最终目标。可以通过构建搜索树的方法，实现对后面N步后的局面判断，来决定当前应该走哪一步。假设一个局面下有30种不同走法，那只需要验证30个局面，看起来好像不多，但是搜索树会以指数的方式暴涨，比如要判断所有6步之后的局面，就会有30^6即7亿多个局面要去判断。

所以除了极小极大原理之外，还必须要做进一步的优化才行。IBM的深蓝团队主要采用两种方法来简化局面。

第一，在开局通过统计过往大量人类职业大师的棋局，计算出常见的招法，这样可以避免计算那些特别冷僻的局面，以提高计算效率。比如传统的招法如意大利开局、西班牙开局、西西里防御、法兰西防御等招法可以作为开局武器库来选择。

第二，在中后期通过Alpha-Beta剪枝算法等方法，移除那些“我方不太可能走，对方也不太可能走”的局面，让树枝变得更少，从而达到减少需要判断的局面的作用。Alpha-Beta算法在剪枝过程中会传递两个边界，通过前面提到的搜索树中的已知部分来限制可能的出路。其中，Alpha表示目前所有可能解中的最大下界，Beta表示目前所有可能解中的最小上界。所以当计算过程中发现Alpha比Beta大的时候，后面的树枝就可以被剪掉，不去计算了，因为它们不可能满足极小极大原理了。

这里做个总结：1997年的深蓝实际上采用了“学习+突破的模式”，需要人类的历史经验（开局阶段的已有定式，以及人类职业大师们的大量棋谱数据），以及明确告知规则（行棋规则，以及基本的局面判断方法等）。

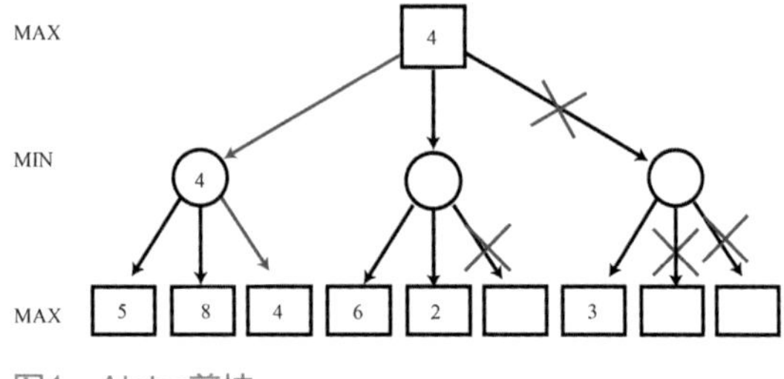

图1　Alpha剪枝

AlphaGo

20年后发生了另一件轰动全球的事， DeepMind团队的AlphaGo击败了当时围棋等级分排名第一的中国棋手柯洁，这比国际象棋中的获胜又厉害了很多。表1给出了世界上主流棋类运动的复杂度。我们可以看到，从计算机程序的视角看，围棋的复杂程度要远远高于国际象棋。那DeepMind又是如何做到战胜围棋世界冠军的呢？

表1　世界主流棋类的复杂度

名称	状态空间复杂度	游戏树复杂度	平均步数
围棋	10^{170}	10^{360}	150
日本将棋	10^{71}	10^{226}	115
中国象棋	10^{40}	10^{150}	95
国际象棋	10^{44}	10^{123}	70

简单说，DeepMind的AlphaGo使用了近几年高速发展的两大技术：深度学习和强化学习。云计算等计算机基础平台技术的发展，让算力被大幅度地集中在了一起，同时单台计算机的计算能力也得到了大幅提升，极其消耗计算资源的深度学习技术和强化学习技术也因此得到了极大发展。深度学习通过构建非常复杂的神经网络模型，可以像人类大脑一样可以“理解”非常复杂的逻辑，并给出“正确”的解题思路。而强化学习就像“老顽童”周伯通的左右互搏一样，让计算机自己与自己进行无数次对战，强化自己的能力，让自己变得越来越“厉害”。

就在这样不断自我学习的过程中，人工智能棋类程序的能力已经远远超过了人类棋手，以至于现在情况完全反了过来：计算机不需要学习顶尖人类棋手的棋谱了，而人类高手需要聚集在一起研究人工智能棋类程序为什么会在这个时间下这样一步棋，他的背后逻辑到底是什么。计算机俨然已经变成了人类的老师了。

这里也做个总结：2017年的AlphaGo是“自我学习的模式”，不需要以前人类大师们的经验和指导，只要告知围棋的规则，就可以把自己学习到极高水平。

2017年之后的几年，DeepMind又新推出了AlphaZero，声称自己连规则也不需要提前输入，可以自行学习了。人工智能的天花板在哪里，没有人知道。所以回到本文一开始的问题：让机器（人工智能）去下街边的残局，机器会赢吗？不妨问自己：我赢得了专业大师吗？专业大师现在都是跟着人工智能的谱子在学新招法呢！

目前人工智能棋牌正在研究的内容

人工智能也不是万能的，前面提到的是棋类运动，两个玩家博弈，所有人都知道棋盘上的所有信息。但还有一大类问题是非完全信息的，比如麻将、扑克等牌类运动。大家只知道自己手中的牌，以及所有玩家已经打出去的牌，其他人手里有什么牌是不知道的。这类人工智能程序还处在研究的过程中，和人类高手还有差距。

另外比如针对星际争霸、王者荣耀等大型复杂游戏的人工智能程序，其技术也在不断研究的过程中，目前也还远没有到最优解的程度。

一个小故事：来自18世纪的骗局

早在1770年，就有人声称自己发明了能够自动下棋的装置，这个装置有棋盘，还有坐在棋盘后面的一个人偶，因为人偶像个土耳其人，因此又被人称为土耳其行棋傀儡。它是奥地利的沃尔夫冈·冯·肯佩伦（1734—1804）为取悦玛丽娅·特蕾西娅女大公在1770年而建造并展出的，历史上有不少它击败人类棋手的案例，其中著名的失败者包括拿破仑·波拿巴和本杰明·富兰克林等人。

实际上，土耳其行棋傀儡是一场骗局，或者说它本身就是一个魔术装置，傀儡的头和躯干被做的和真人没什么区别，但实际上机关被安置在傀儡面前的110cm长、60cm宽、75cm高的大柜子里面。柜子上面是个国际象棋棋盘，下面非常巧妙地设计了一个隐蔽的操作室，可隐藏一位国际象棋高手。

从1770～1854年的84年里，它曾在欧洲和美洲参加多次展览，虽然很多人怀疑其中有诈，但由于设计精巧，它一直没有被抓到作弊。直到它被烧毁后的1857年，其秘密才在《国际象棋月刊》（*The Chess Monthly*）中被正式揭露出来。这是有史料记载以来，最正经的一场“人工智能”表演。之后的卡斯帕罗夫对深蓝提出了相似的指控，认为在他和深蓝对弈的过程中，深蓝收到了来自场外的信息指导，虽然这个指控在当时引起了一定争议，但随着人工智能的不断发展，已经没有人会相信人工智能还需要人类的指导才能下赢人类了。

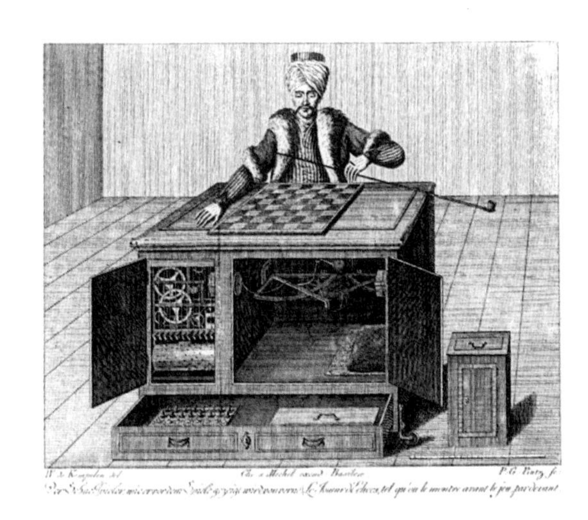

图2　土耳其行棋傀儡（图片来源：网络）

你看的网络视频，被切片了？

张国强

如今，互联网上传输的流量绝大部分都是视频流量。用户对视频播放服务质量的容忍度比较低。那么，怎样才能在播放网络视频时避免出现频繁的卡顿和清晰度变化等降低用户体验的事件发生呢？如今的流媒体是怎么工作的，这个过程和我们到饭店点餐又有什么相似之处？赶紧带着这些疑问来读这篇文章吧。

观看视频平台转播的足球比赛时，大家有没有过这样的经历：一个前锋刚突入禁区准备射门，突然画面卡住了，等再次正常播放时，一堆人已经在庆祝了。还有些时候，视频画面一会儿变成高清、一会儿变成标清、一会儿又变得模糊不清。

这些现象的产生，涉及计算机网络里面的流媒体播放问题。视频播放质量的高低与多种因素有关，这其中最为关键的，当属网络带宽。所谓带宽，就是网络的容量，这跟在不同宽度的道路上开车差不多是一个道理：在双向十车道的高速公路上开车，当然要比在羊肠小道上开车快得多。设想一下，如果高速公路有无穷多个车道，那就不会出现堵车现象，所有车都能以很快的速度行驶了。通常用每秒通过多少辆车来衡量车流量的大小，类似地，带宽就是指每秒钟可以传输多少数据，通常用Kbit/s、Mbit/s、Gbit/s来衡量。

理论上，如果用户端、中间的传输网络和服务器端的带宽都是无限大的，那就可以在计算机、电视或手机端任性地播放最高质量的视频。但现实是，带宽永远是不足的。记得1998年，我的第一台计算机刚接入网络的时候，用的是电话拨号，当时的理论最高带宽是56Kb/s，别说看视频了，加载个含有图片的网页都得等半天。不妨做个简单的计算，一张大小为560KB的图片，需要560×1000×8/（56×1000）=80s才能加载完成！

有幸的是，带宽的提升速度很快，比CPU的提升速度都快。现在的家庭接入带宽的理论值，几兆每秒都算低的，许多地方都已经是上百兆了。正是伴随着带宽的快速提升，网络电视、网络视频、4K/8K高清视频甚至360°全景视频等高带宽应用得到了快速推广和普及。

当然，带宽是客观因素，一旦技术确定了，短期就无法改变。而且，即便接入的带宽够大，中间的传输网络或服务器端也可能会出现拥堵，就好比再宽的道路，在车流高峰期时也难以面对蜂拥而入的滚滚车流。

其实，与用电类似，人们每天使用互联网的时段也呈现出波峰和波谷的分布。如果大家在

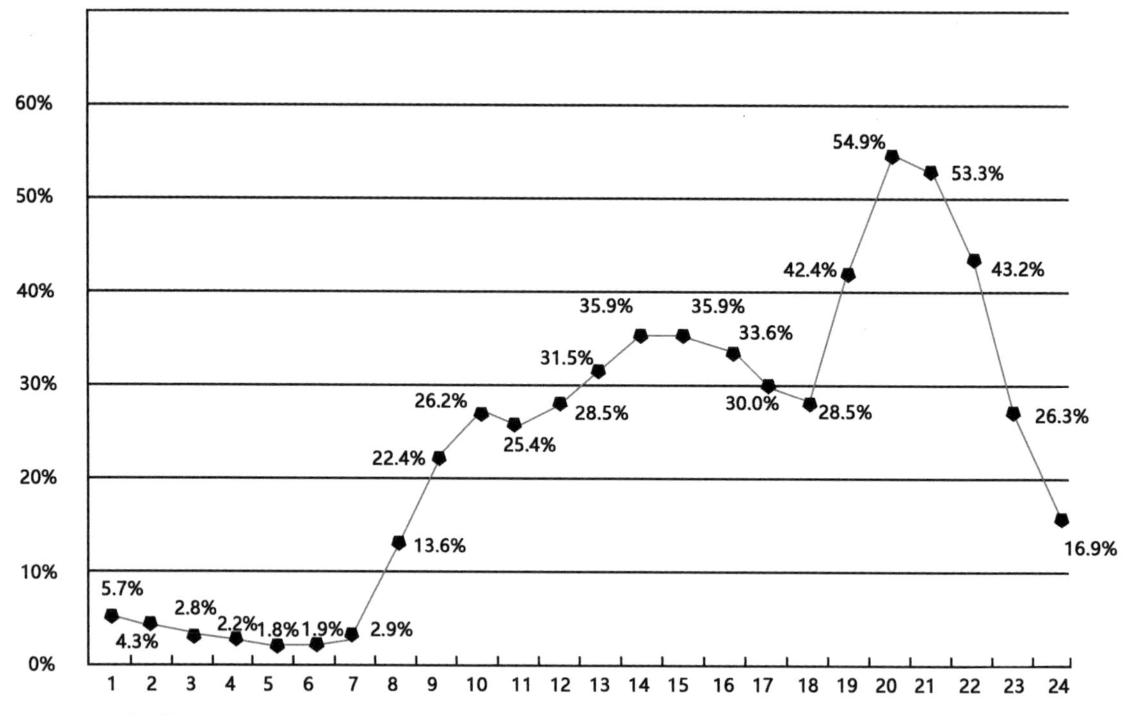

图1　不同时间的服务器访问量

同一时段访问网络，那么在一些关键链路上，势必会出现拥堵。而如果大家在某个时间段一窝蜂地访问某个服务器，也很难不发生拥塞。

但视频内容提供商可不能因为网络堵了，就不给用户提供服务或让用户等待很长时间。因为如果真这样做，那很快就会丧失大量的用户。有研究表明，大多数用户期望的网站加载时间是3s以内，如果时间长过3s，就会有57%的用户选择离开。如果超过8s，几乎所有用户会毫不犹豫地离开网站，这就是所谓的“8秒原则”。

因此，视频内容提供商得想个折中的办法：网络好的时候，咱就播放高质量的视频；网络差的时候，咱也要求别太高，将就着看质量稍微差一点的视频，尽量给大家保证不卡顿就行了。这就是大部分流媒体技术的目标，这类技术被称为自适应流媒体技术。所谓自适应，说得通俗一点，就是“10块钱一天有10块钱一天的吃法，1000块钱一天有1000块钱一天的吃法”，但前提是饭馆必须提供各种不同档次的选择！采用了自适应流媒体技术的系统，就会智能感知用户的网络下载速度，动态调节给用户播放的视频码率。

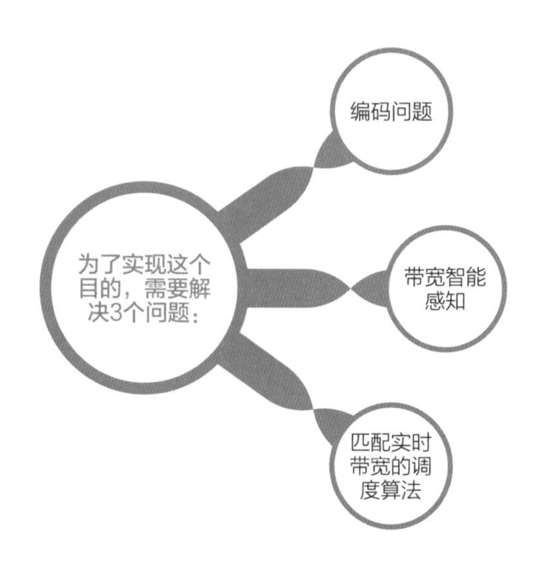

现在广泛使用的自适应流媒体技术采用的是DASH（Dynamic Adaptive Streaming over HTTP）标准。传统观点认为，基于可靠传输的TCP是很难支撑实时流媒体应用的。这是因为TCP的重点在于确保可靠性，当网络报文丢失后，TCP会进行超时重传。但是，流媒体应用对可靠性要求不高，只要不影响观看，丢掉少量的数据对观众而言压根没关系。相反，流媒体应用对实时性的要求比较高，过了播放点再把数据传过来就没有意义了。UDP就很符合要求。不过，相比于不保证可靠传输的UDP，使用HTTP有几个好处。一是目前网络上的很多防火墙对UDP报文不太友好，许多都是直接封禁完事。而HTTP是大家上网必须要使用的协议，因此客观上拥有了“免死金牌”，几乎所有的防火墙都会对HTTP报文采取放行策略。另一个好处是HTTP目前是使用最为广泛的协议，网络上已经有许多基于HTTP的缓存设施。使用HTTP来传输流媒体数据，可以免费利用这些缓存设施，加速网络传输的速度，何乐而不为？

在编码方面，DASH采用的是切片技术。所谓切片，就是将一个码率的视频按时间维度切成一小块一小块的，比如1个小时的视频，按照4秒一块，就可以切成900块。视频是一帧一帧播放的，比如24帧/s的动画，意思就是一秒钟放映24幅静态的图像，但由于间隔时间比较短，人就感觉屏幕上的人物或物体在动了。然而，如果真的是一帧一帧独立编码，那视频文件会非常大。好在，由于短时间内连续的图像之间大部分是相同或相关的，因此现有的视频编码技术都利用了这种帧间的相关性，可以大大降低视频文件的大小。不过这也造成了一个问题：并不是每一帧图像都是可以独立播放的，比如有一帧图像依赖于前后的两幅图像才能解码，那么如果前后这两幅图像里的任何一幅丢了，这一帧图像也无法播放了。因此，切片时必须要保证每个视频块都是独立可播放的。

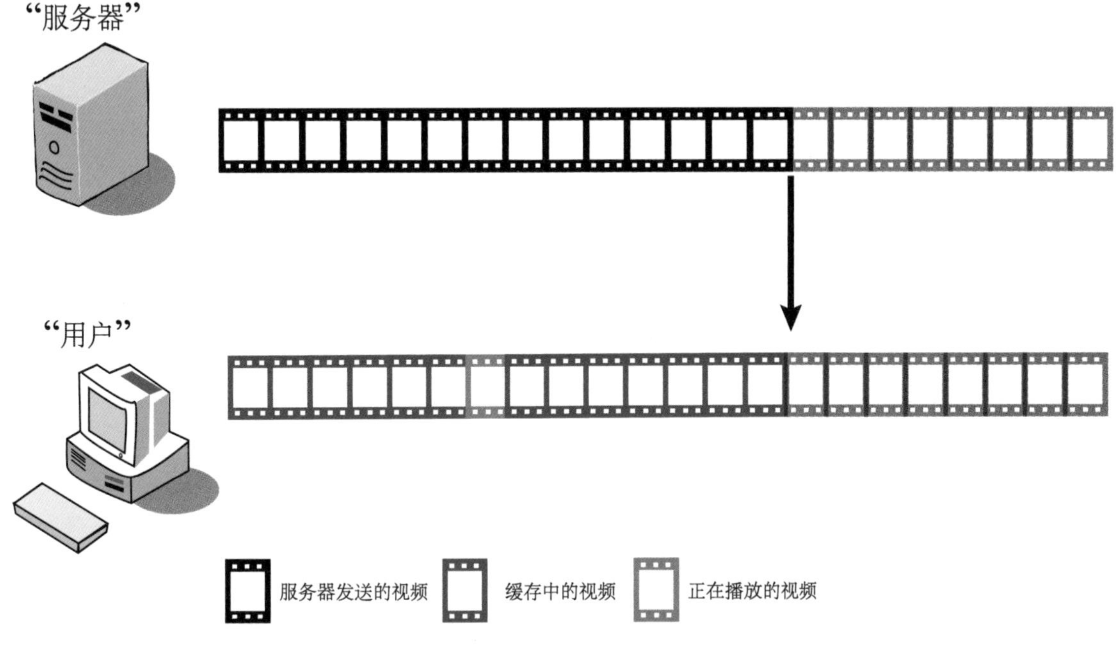

图2 切片技术

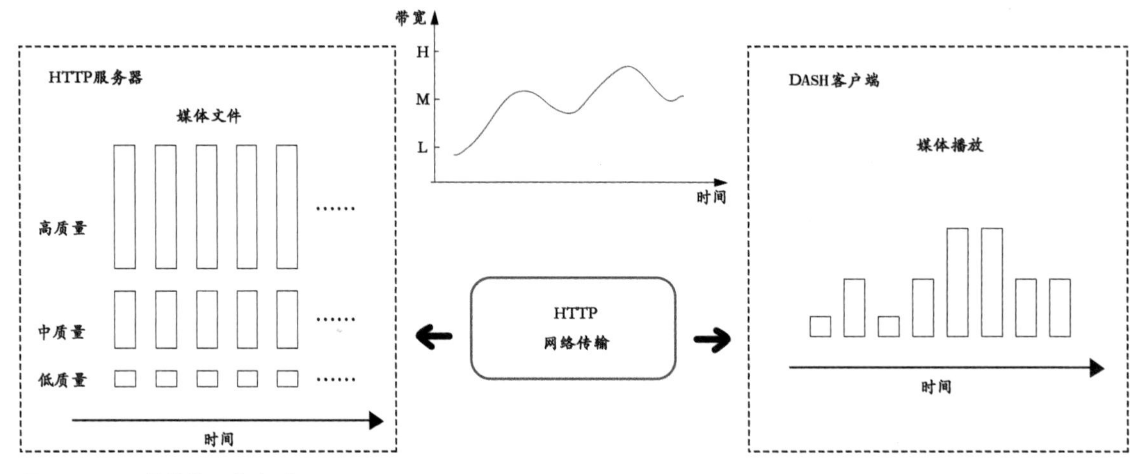

图3 DASH的整体工作方式

如图3所示是DASH的整体工作方式。在左边的方框中，媒体文件被编码成不同的质量，然后在时间维度按同样的时间片被切成许多视频块，每个视频块用一个URL来标识，并存储在HTTP服务器上，因此，每个视频块可以单独通过HTTP请求和下载。在右边方框中的则是一个DASH客户端，比如内嵌于网页的爱奇艺播放器。客户端会监测网络带宽的变化，然后根据带宽来请求合适的质量。因此，可以看到，右边方框中的视频块质量是高低不齐的：带宽好的时候，可以播放高质量的视频；而带宽差的时候，就播放低质量的视频。

还有几个问题：客户端怎么知道服务器提供了哪些质量的视频呢？每一种质量的码率又是多少呢？还有最重要的，HTTP请求是一种客户端主动发起的请求，客户端是怎么知道所请求视频块的URL的呢？

与饭店通过菜单提供给客人每道菜的名称、图片和单价类似，所有视频块的时长和码率信息，也都被写在一个清单文件MPD中。在基于DASH的自适应流媒体系统中，客户端请求流媒体数据之前首先要获得这个MPD清单文件。这就好比是进了饭店，服务员首先会递给客人一个菜单，客人综合考虑自己的口味和预算来点菜。与此相对的是，此前还有一种饭馆，不提供点餐，只提供包桌价，饭馆提供什么，客人就吃什么，这种饭馆的模式就类似于DASH之前的流媒体技术，客户端被动接收服务器的推送。

有了清单文件，下面就好办了。身上只有30元，肯定不能点价格高于30元的菜。但问题是，带宽是动态变化的。对此，客户端要有能力预测未来的带宽。过去是预测未来最好的镜子，俗话说："夫以铜为镜，可以正衣冠；以史为镜，可以知兴替；以人为镜，可以明得失。"所以，一种常用的预测方法就是根据过去一段时间的下载带宽来预测未来的带宽，比如图5所示的滑动平均预测算法。

预测好了带宽，客户端的最后一块拼图就是根据带宽选择合适质量的视频块下载的自适应调度算法。普通自适应调度算法仅依据带宽选择不超过当前带宽的最高质量的视频，这就好比每天赚多少钱就要花多少钱，从来不想着存钱以防不时之需。这样的问题是，万一明天没有赚到多少钱（带宽很低），那可能连温饱（最低质量视频）都解决不了。所以，稍微

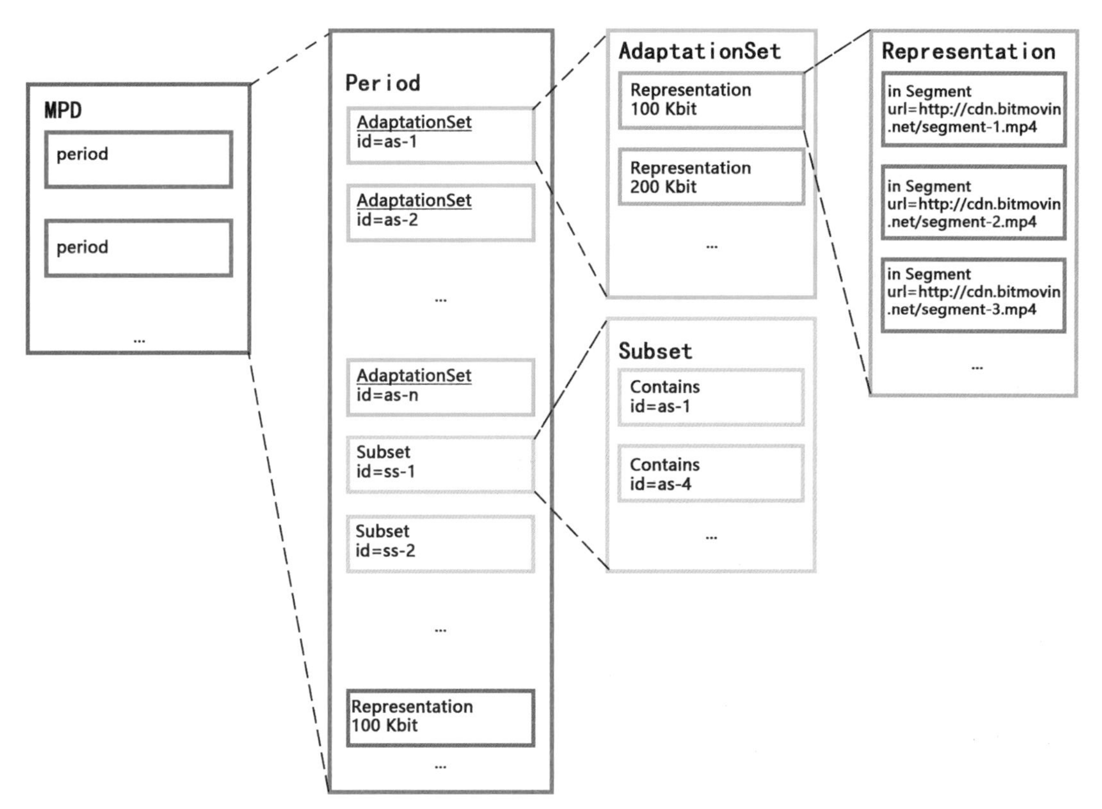

图4　MPD清单文件

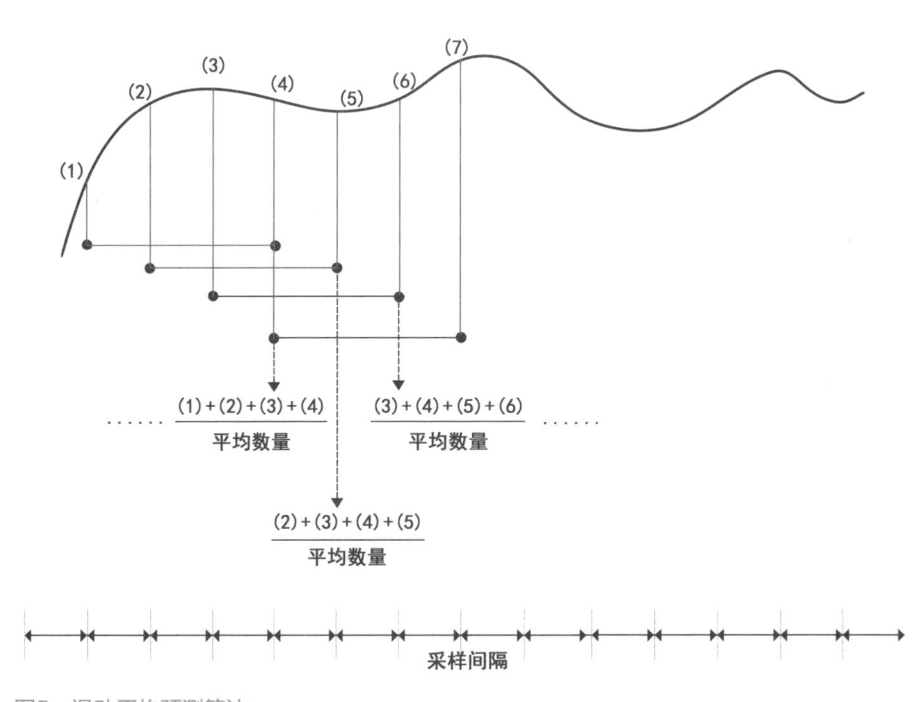

图5　滑动平均预测算法

有点忧患意识的算法就会考虑一下自己的“存款”，如果“存款”水平（当前缓冲的视频块时长）比较低，那即便今天赚了不少钱（带宽比较高），也相对谨慎地消费（下载质量相对低一点的），这样可以适当提升存款水平；而如果存款水平比较高，那即便今天没赚到什么钱，也可以大胆地消费。这就是基于缓冲区的自适应调度算法的基本思想。一般使用的算法，都是同时基于这两者做出决策的。

除了平面视频，现在的一种新兴视频模式是全景视频，也称为360° 视频。相比于平面视频，360° 视频对带宽的要求更高，通常高达几百兆每秒。目前，可以通过佩戴VR头盔（如HTC Vive, Oculus Rift）或手机来观看360° 视频，一些视频内容提供商也已经开始提供360° 全景视频，如图6所示。

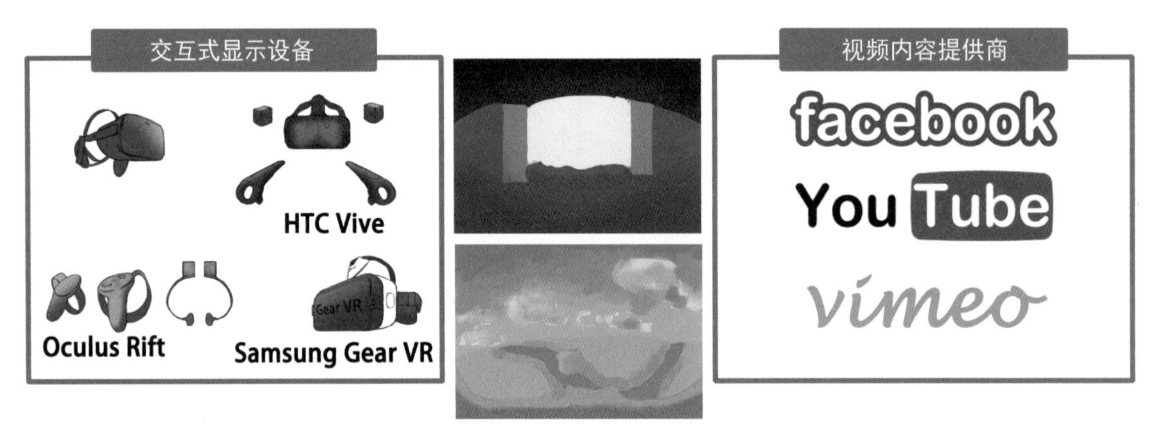

图6　360° 全景视频的内容提供商以及支持设备

传输与播放360° 视频与平面视频又有一些不同。

首先是编码问题，由于目前还没有一个球面视频的编码标准，一般是把360° 全景视频投影到平面上。比较常见的是等矩形投影，类似于把地球仪投影到二维平面，投影会造成两极地区因拉伸比较严重而产生一定程度的失真。比如，下图中位于赤道部分的画面投影到平面时失真较小，而北极地区的投影就会产生比较严重的失真。这也是俄罗斯和格陵兰岛在地图上看上去要比它们的实际面积大的原因。其他的一些投影方式（如立方体投影）则试图减轻这种失真。

然后是传输问题，由于360° 视频的码率很高，但人在同一时刻目力所及的区域只有整个球面视频的一小部分（差不多是1/6），把整个球面视频都高质量传输给用户显然是浪费了大量的带宽。因此，理论上只需要把用户视口内的部分传输给用户观看就可以了。所以，在传输360° 视频时，除了带宽自适应，还增加了视口自适应，也就是会预测用户下一时刻的视口位置，然后根据视口请求不同的视频片段。如图8所示，下图中用户端的带宽高低波动，同时用户的视口也在变化。在第一个时间间隔s_1，用户的视口中心位于左下角，此时带宽较低，因此会请求视口中心位于QER_2的低质量版本；在第二个时间间隔s_2，用户的视口中心位于正中间，此时带宽较高，因此会请求视口中心位于QER_3的高质量版本；在第三个时间间隔s_3，用户的视口中心位于右上角，此

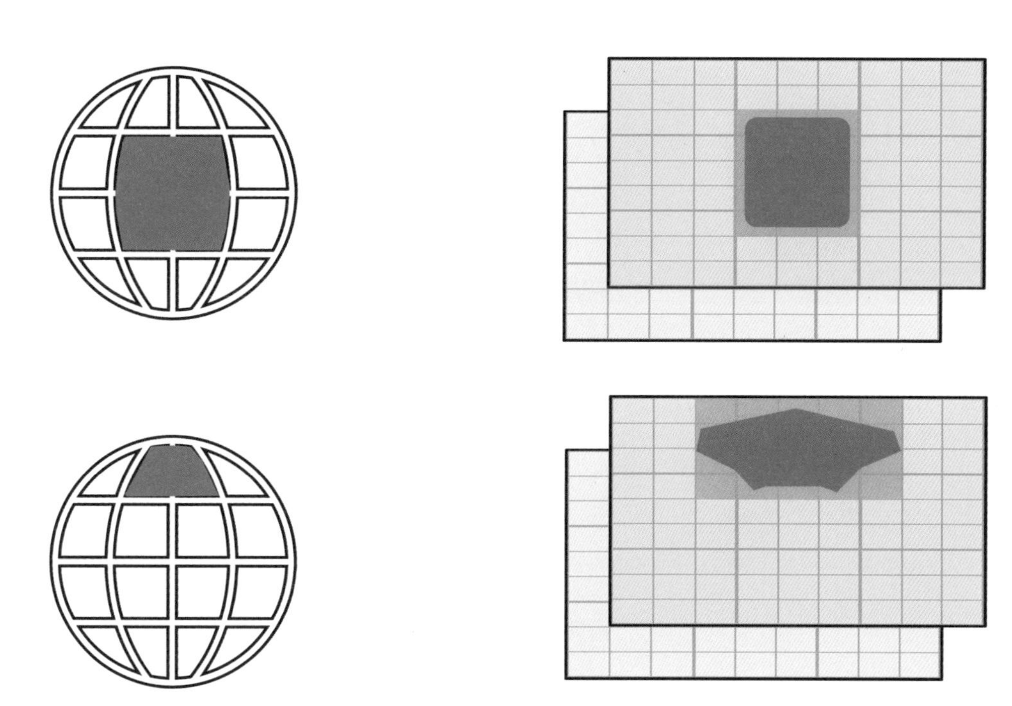

图7　球面投影会产生失真问题

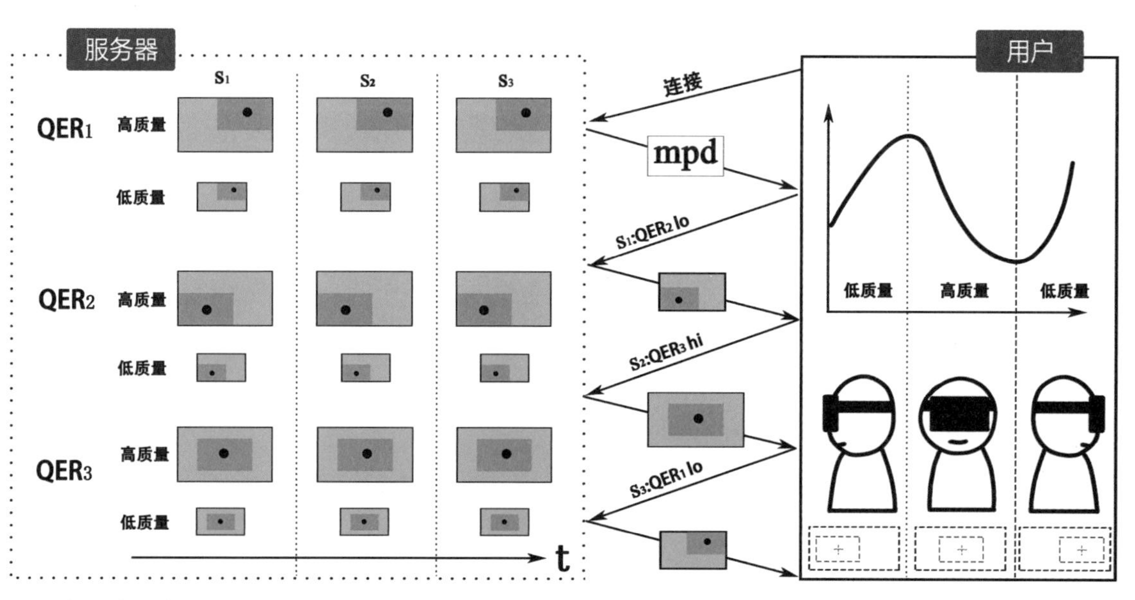

图8　视口自适应

时带宽较低，因此会请求视口中心位于QER_1的低质量版本。

当然，这些技术也是为了解决带宽受限问题的权宜之计。随着网络带宽的提升和5G的普及，或许人们很快就能看上360°全景直播了。到那时，真的能实现随时随地游览全世界的梦想了。

我们真的需要算法的推荐吗？

张国强

如今，人们或多或少都在使用各种信息或内容平台。这些平台会根据每个人的特点和浏览数据为大家量身定制不同的推送内容。但是，这种做法在为人们带来信息获取便利的同时，也带来了许多负面效应。算法往往会过度解读人们的兴趣爱好，从而为人们创造了一个个信息茧房。虽然人们身处一个信息极大丰富的时代，却被算法困在一个个窄小的信息茧房里，难以听到不同的声音。面对这一困境，我们需要怎么破局呢？

互联网界早期有句名言：“在互联网上，没有人知道你是一条狗。”但在推荐算法时代，人们不仅能知道是一条狗，还能知道是斑点狗还是哮天犬。算法不停地收集、记录和计算着每个人的兴趣爱好，并把人们感兴趣的东西源源不断地推荐给我们。在算法面前，人们没有任何隐私。有人甚至说，算法比自己都了解自己。

可是，这是事情的全部真相吗？

在2020年的新冠肺炎疫情期间，我的夫人在某个社交平台App上无意中关注了几则社会悲剧的新闻，结果之后这个平台持续不断地给她推送这类新闻事件，使得她在随后的时间里情绪一度非常低落，感觉整个世界都是灰暗的。后来，在我的一再劝说之下，她卸载了这个社交媒体APP，并尝试观看一些正面的东西，情绪才逐渐好转。

还是2020年，大学的几个老同学聚餐，话题突然聊到了某短视频内容推荐App。某个同学提议大家把这个App打开，让大家看一看各自被推荐的内容。不得不说，这个想法很毒辣！

同学A：App推给他的都是喝酒视频，因为他喜欢喝酒，平时也常常关注酒。

同学B：没给他特地推荐什么，因为他很少登录，点击内容时也非常注意，所以App抓不到他的兴趣点。

……

我：给我推荐的大多是网校课程和军事时政新闻。

我们这几个同学，属于了解推荐算法的原理，也不愿意被推荐算法奴役的计算机领域从业人员。因此，在使用这类短视频平台的内容时相对比较谨慎。但是，大部分人其实并不了解内容推荐算法背后的原理，一旦不小心点了几次同类内容，相似的推荐内容就会源源不断地到达，从而深陷其中。

为了避免被算法“奴役”，会采取一些反制措施，让信息跟着自己走，而不是自己跟着信息走。譬如不小心点击了一两次不想看的内容，那就必须用更多的想关注的内容来弥补。同时，尝试着搜索一些较为感兴趣的话题，并在搜索结果中点上五六个，试着慢慢看完，从而引导算法的判断。这是对“推荐算法”奴役说不的一种方式。

然而，很多人并不了解推荐算法的原理，仍在不断接受着各种平台推荐的内容。算法，正在悄无声息地改变着所有人的生活。

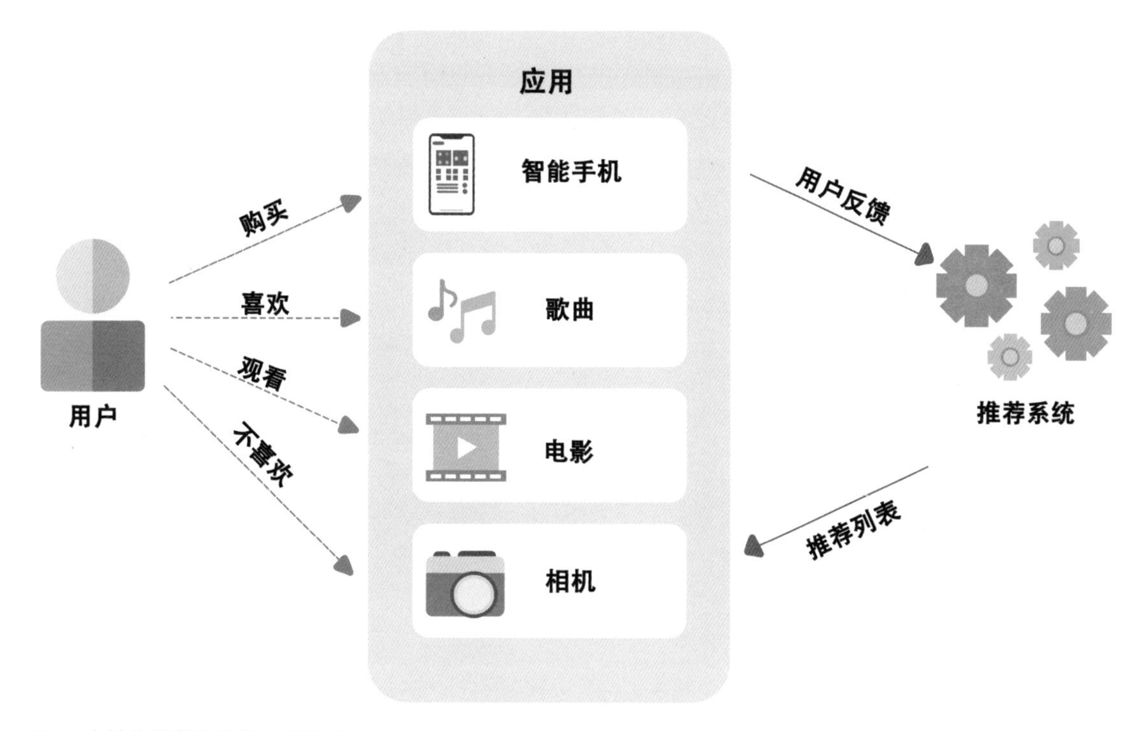

图1　个性化推荐算法的工作模式

近年来，随着“算法”这个概念逐渐被大众所知晓，各个平台的内容推荐方式也屡屡引发争议，算法似乎一夜之间跌落神坛，遭到很多人的口诛笔伐。其实，算法在计算机领域只是一个中性的名词而已，“程序=算法+数据”，算法的好坏只在于它的准确性和复杂度。然而，现在算法突然背负上沉重的道德评价，成为一个复杂的社会话题。算法是不是一切问题的原罪？面对算法，人们有没有反抗的能力？

首先，需要明确一个概念。这些文章所批判的算法，有一个更狭义的名称，叫作个性化推荐算法。

个性化推荐算法本来是为商品的精准营销量身定制的一种技术，当时谁也没想到它日后会被大规模用到信息与内容推荐上来。个性化推荐算法会收集用户信息，建立用户模型，利用模型进行推荐。在此过程中，模型并不是一成不变的，而是会根据推荐结果反馈或兴趣需求变化而动态调整的。每一个用户模型都是量身定制的。

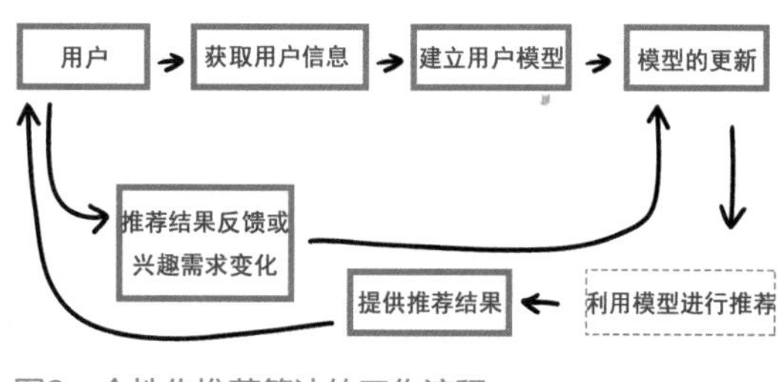

图2　个性化推荐算法的工作流程

推荐系统收集的个人信息一般包括用户的个人属性（比如年龄、性别、居住地、教育背景、工作经历、家庭情况等）、实时位置、点击、关注、收藏、浏览、分享、点赞、点评等信息。在个性化推荐算法看来，人们的浏览时长、评论内容、分享行为等，都直接或间接地反映了人们的兴趣所在。

为了提高推荐准确度，研究人员从不同的角度提出了许多个性化推荐算法。目前的个性化推荐算法一般有基于内容的推荐、基于协同过滤的推荐、基于关联规则的推荐、基于知识的推荐和混合推荐。

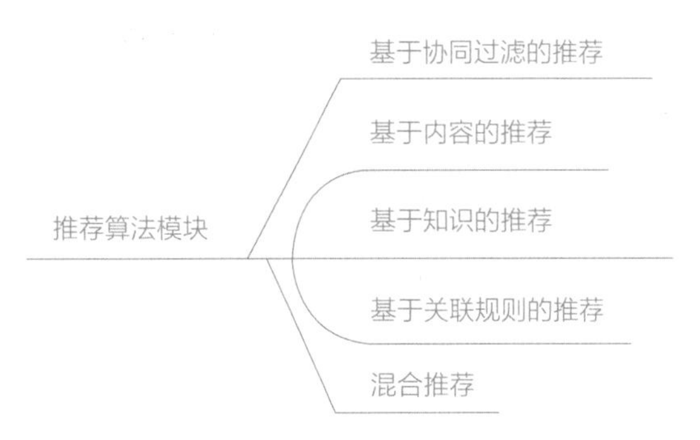

图3 个性化推荐算法的推荐方式

采用了个性化推荐算法后的一个结果是，如果不小心点击了几个某一类的内容，那平台就会源源不断地推荐这一类的内容。虽然生活在一个信息爆炸的时代，但算法为每个人量身定制了一个信息“茧房”，并最终为每个用户创建了一个虚拟的平行世界。在算法的控制下，一些人生活在“满眼都是爱”的世界，一些人则生活在“充满负能量”的世界；一些人生活在剑拔弩张的世界，一些人则生活在纸醉金迷的世界。不同的人被困在不同的世界中无法自拔，慢慢地，他们看待世界的方式就成了盲人摸象，会认为世界就是他们眼中的那个样子。

那么，算法是否就应该被人唾弃呢？

“每个硬币都有两面”，算法在给人们带来便捷的同时，也不知不觉地给人们带来了负面影响或对人们产生了困扰。但不能从一个极端走向另一个极端，而是要客观评价个性化推荐算法的价值与问题所在。

其实大家批评内容个性化推荐算法的时候，主要涉及信息披露和选择权这两个方面的问题。

先谈谈选择权。

信息与内容的传播，经历了从电视到互联网的变迁。相比于电视，人们为什么更青睐互联网呢？一个主要原因是互联网实现了从信息和内容的被动获得向信息和内容的主动获取的转变，让人们实实在在地成了内容的主人，掌握了内容的选择权。

从信息与内容获取的角度来看，互联网发展至今可以分为三个阶段：前搜索引擎时代、搜索引擎时代、后搜索引擎（即个性化推荐算法）时代。

在前搜索引擎时代，信息获取的主要渠道还是靠口口相传和广告，算法还没有登上历史舞台。搜索引擎为信息与内容传播领域带来一场革命。大型的搜索引擎公司如谷歌、百度等建立了前所未有的超级内容数据库，并可以根据匹配算法来返回搜索结果。

现在人们则处在后搜索引擎时代，除了一些不得不主动查的东西，已无须主动搜索就能获得“感兴趣”的东西。省去“搜索”这一步骤，本来应该是一种进步。但问题是现在的平台中，算法常常过度解读人们的兴趣，给人们创建了一个个“茧房”，让人们生活在被“隔离”的平行世界中。

基于内容推荐算法App的出现让人们享受了信息与内容获取的便利，但在不知不觉中又失去了内容的自主选择权。

很多道德人士于是振臂高呼：平台要给人们留下“算法”的选择权，用户需要拥有“关闭算法”的权利。其实对于平台而言，是否给人们留下“算法”的选择权是一个伪命题。呈现在大家面前的内容，都是算法的结果。

“选择权”的破局的关键，在于公民对隐私权的认知。人们要保护的并不是算法关闭权，而是个人的隐私权。个人的基本信息、实时位置、浏览行为等，都应该属于个人隐私，而最根本的问题则在于“平台能不能用这些数据来训练个人的用户模型?”

其实，很多平台是给用户选择权的，只是很多人觉得无所谓或者是不知道如何设置。因此，对于普通用户来说，解决算法负面问题的一个最直接的途径就是熟悉App提供的选择权。一般在安装软件的时候，会有一个是否同意协议的勾选框，如果仔细阅读，大家会发现里面有一些允许App搜集个人隐私的条款。如果不同意，就无法使用这个App。最终，人们只有“使用”或“不使用”的这两个选择。

也有一些软件的选择权做得比较好，比如可以允许选择打开或关闭“个性化推荐”（当然，默认情况是打开的）。在个人信息收集选项里，一般也支持无痕搜索和无痕阅读，如果我们把它们开启，那么系统就不会记录人们的行为。

所以，总的来说，平台也确实基本把是否允许使用用户隐私信息训练算法模型的选择权交给用户了。

在这一场平台与用户的博弈中，平台无疑是强势的一方，但用户是平台的根本，招致大众可能的反感实为不可取。一个好的应对方法是在安装时以更显性的方式将隐私配置的选择权交给用户，来替代默认配置，以此最大程度保护用户的选择权利，这应该是解决算法负面问题的另一条途径，也是平台目前能立即改进的。

最后再谈一谈信息披露，先看一则故事。

有一个美国的老奶奶，其老伴因过度吸烟引起的肺癌去世了。于是，老奶奶一怒把造烟厂告上了法庭，说烟厂有责任，明知道香烟会危害健康甚至致人死亡，为何不在烟盒上标明。后来，她跑遍全国打了7年官司，最终胜诉。自此，香烟盒上都被要求标明“吸烟有害健康”，并且其所占面积不得小于包装可见部位面积的1/3。

“吸烟有害健康”，但烟并没有消失。

类似地，个性化推荐算法也不会消失，但它可能也正面临着一群这样的“老奶奶”。使用个性化推荐算法会产生什么样的副作用？怎样认定这些副作用？这应该是整个社会的一个研究课题。

在虚拟的“元宇宙”世界中，真的没人“认识”我吗？

翟立东　张旅阳

最近，有一个科技术语“出圈了”，就连全球最大社交平台“脸书”也跟着它改了名字（由Facebook改为Meta），它就是“元宇宙（Metaverse）”！

在嗅觉敏锐的资本市场和科技圈，各种“元宇宙”的相关概念满天飞，就连刷抖音也能刷出来个打着“元宇宙”标签的虚拟美妆博主“柳夜熙”，对着镜子描眉画眼……

所以，元宇宙到底是什么东西呢？元宇宙真的存在吗？

元宇宙中的“虚拟朋友”

元宇宙这个听起来很科幻的词出自美国作家尼尔·斯蒂芬森于1992年出版的科幻小说《雪崩》中，由代表超越的单词“Meta”和译为宇宙的单词“Universe”相加而成。作家斯蒂芬森描绘了一个平行于现实世界的、始终在线的虚拟世界，除了吃饭、睡觉，在这个世界里能做现实生活中的一切，并首次用Metaverse（元宇宙）这个英文来定义这个虚拟世界。

根据扎克伯格的设想，当我把孩子的视频发给我父母时，他们会觉得孩子就在他们身边一样，而不是只通过屏幕观看；当你和朋友玩游戏时，你会觉得跟他们同处一个房间，而不是独自面对计算机。而且，真人、虚拟人、机器人出现在同一空间中。

其实元宇宙并没有标准的定义，其特征有3个：

图1　虚拟美妆博主“柳夜熙”（图片来源：网络）

1. 要有一个虚拟世界。

2. 这个世界里的人要能够进行社交。

3. 这个虚拟世界还要反过来影响现实世界。

想象一下，假如你在一个房间里，墙上有个洞，你的小伙伴从洞里伸进一只手，你们两个通过手势进行交流——一个最基础的元宇宙就成型了。在这个元宇宙里，你和朋友能进行社交，社交结果还能影响现实世界的你。

如果用计算机把这间屋子虚拟出来，在技术较为落后的年代，这只手的分辨率很低；而随着技术升级，这只手的分辨率不断增高，从二维到三维，跟真的手越来越像，甚至连汗毛都能看得清。这就说明元宇宙在进步，提升了视觉模拟效果，更有效地“欺骗”了用户的眼睛。

随着技术的进一步升级，用户不仅可以与这只手进行手势交流，甚至可以闻到这只手上的气味、能听到手的主人说话。这说明元宇宙已经从视觉扩展到触觉、嗅觉、听觉的模拟范围。

后来，这只手的主人“破墙而入”，成为用户的元宇宙朋友，它陪用户吃饭、逛街、看星星。这表明元宇宙在走向成熟，与现实世界交织在一起。

最终，墙上的洞越来越多，伸进来的手也越来越多，有亲人的、友人的、爱人的，还有猫猫狗狗的。这说明元宇宙在扩大影响力，当扩大到地球上的人、动物都参与进来时，元宇宙也就成了人类世界不可分割的一部分。

元宇宙世界里的“工具”

这个过程说起来很简单，但是实现起来并不容易。根据现有的技术手段，“元宇宙”的实现主要依赖于增强现实（AR）和虚拟现实（VR）技术。VR/AR技术可以让使用者在戴着头盔时，将虚拟的数据信息叠加到真实世界的影像中，让使用者除了可以置身于真实的感官图景之外，还能实时看到附注在这些实景上的数据信息，从而让使用者体验到智能数字化加持后的真实世界。虽然目前，脸书、谷歌等公司推出了消费级VR头盔、触感背心、触摸反馈手套等各种设备，但这些设备还是有一些硬伤的，比如绕不开的3D眩晕、在虚拟世界里如何移动，还有过高的制作成本等。这使得“元宇宙”在硬件和软件上，都面临很大瓶颈。

元宇宙的实际构建块不仅仅是软件和虚拟空间，或者是耳机等可穿戴设备，未来还将依托庞大的计算机和服务器集群，才能运行巨大的共享虚拟世界。人们在现实世界中处理各种问题时，大脑都在“飞速运转”，在元宇宙中也同样如此。据估计，实现元宇宙所需的算力将是现在全部算力的1000倍，因此以今天的计算、存储和网络基础设施根本不足以实现这一愿景。

如果有一个平台，具有超强的计算能力和存储能力，又能吸引全球大部分用户，再通过VR眼镜、各种传感器等让人们在虚拟世界中产生真实的感觉，那元宇宙就有望成真。总结起来就是技术上并非不可行，但难度不小。

图2　虚拟现实技术（图片来源：网络）

当电影遇上“元宇宙”

那如果有一天元宇宙真的实现，社会会是怎样的呢?

受制于目前的技术和研究成果，人们对元宇宙的感知和想象力也被限制。此时，科幻电影往往能够将抽象的概念转化成具象的认识，打破人们对元宇宙的认知瓶颈，并拓展人们的想象空间、鼓励人们进行更高层次的探索。接下来，这一部部专属元宇宙的科幻电影，不仅为人们献上一场场视觉盛宴，也能帮助人们在脑海中构建一个奇妙的元宇宙。

《雪崩》

20世纪90年代，在科幻小说《雪崩》中描述了这样一个世界：每个人脑袋后面插个管子，与一个覆盖全人类的网络相连。在这个网络世界里，人们有各自的化身，通过大脑就能操纵化身在虚拟世界中生活，没人关心现实生活是怎样的，人人都沉浸在那个虚拟的世界中。

图3　电影《雪崩》宣传海报